1. 炎と沸き花　鍛冶屋は炎の中に現れる「沸き花」の発生を合図に鋼の鍛接を行う。「沸き花」は鉄の微粉が空気中で燃焼する時に出る。炎の中で短い線のように見えるのが「沸き花」。(撮影／トム岸田)

2. たたら炉と操業　島根県仁多郡奥出雲町で現在も行われている「日刀保たたら」。

3. 鉧出し　「日刀保たたら」

4. 永田式こしき炉の出銑

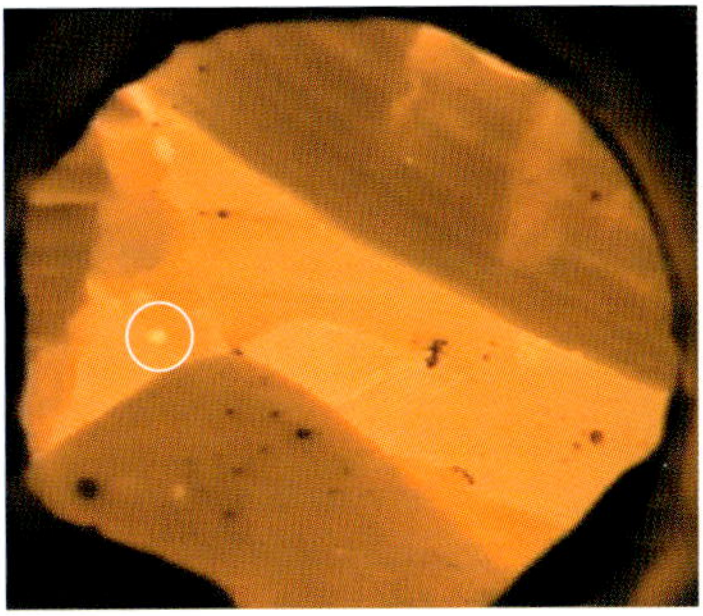

5. 羽口前の鉄粒の酸化と融解　白く光る溶融鉄粒（○）。表面は空気で酸化され FeO で覆われる。その反応熱で温度が上がる。

6. 鋼材から出る「沸き花」。

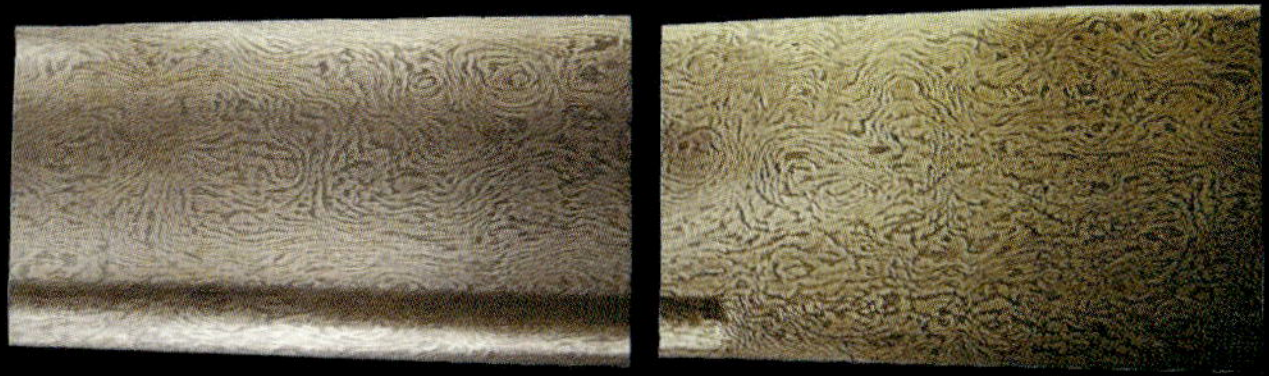

7. ウーツ鋼で作られた刀剣 ©Rahil Alipour Ata Abadi

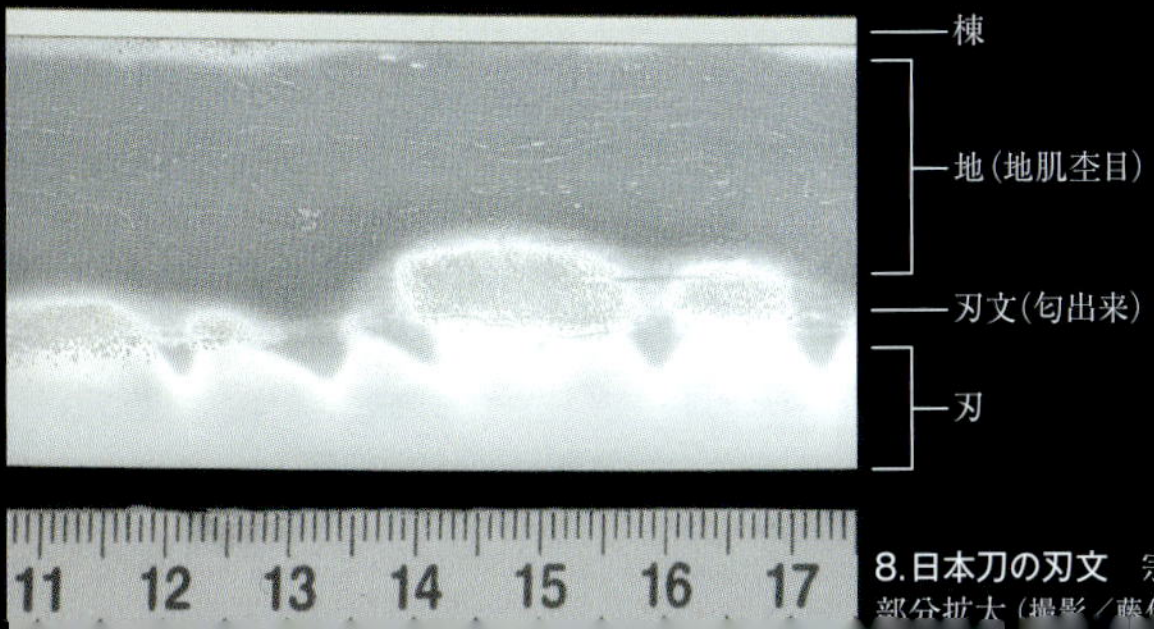

8. 日本刀の刃文　宗勉作の部分拡大（撮影／藤代興里）

10. 隕鉄　きれいなウィドマンシュテッテン構造が見られる。(Bridgeman Images/PPS通信社)

9. インドのデリーにある鉄柱　415年に建てたとされるが、ほとんど錆びていない。高さは約7m。(alamy/PPS通信社)

11. 1880年代イギリス・シェフィールドでの転炉の操業風景。(UIG/PPS通信社)

人はどのように鉄を作ってきたか

4000年の歴史と製鉄の原理

永田和宏　著

ブルーバックス

カバー装幀／芦澤泰偉・児崎雅淑
カバー写真／トム岸田
目次デザイン／中山康子

はじめに

インドのデリー市郊外の世界遺産クトゥブ・ミナールに、紀元4世紀に仏教国のグプタ朝期に建てられた鉄柱がある。直径42㎝、高さ地上7・2m、重さ約7tで約1mは地中に埋まっていると言われている。鉄の純度は99・72％で、約1600年経つがほとんど錆が進行していない。このような大きな鉄の構造物を作った当時の技術はどのようなものであったであろうか。

一方、我が国では、1400年前に建てられた法隆寺の修理の際、和釘が見つかっている。その和釘の表面は黒錆で覆われているが錆は進行しておらず、曲がりさえ直せば再度使えると言われている。1779年に作られた英国のアイアンブリッジや、1889年に完成したフランスのエッフェル塔も健在で、これらは前近代的製鉄法で製造された銑鉄《せんてつ》や錬鉄《れんてつ》でできている。

現代の製鉄では巨大な溶鉱炉で銑鉄を作り、転炉で酸素を吹き付けて脱炭を行い、炭素濃度の低い溶けた鋼にする。それを連続鋳造機で連続的に凝固させ、鋼の板や棒、角材などを大量に製造している。そしてこれらの材料から橋や鉄道、ビルの鉄骨など大きな構造物を安価に作っている。しかし、古代や前近代的製鉄法で作られた鋼と比べると錆び易く、純度の高い鋼でも現代の鋼は50年程度で朽ちてしまうと言われている。

鉄は、溶かして再利用できる、リサイクルし易い材料である。我が国では野鍛冶と呼ばれる職人が農家を回り、庭先で即席の鍛冶炉を作って農具を修理し、集めた古鉄を再溶解して新たに材料を作っていた。現代ではスクラップを集め、電気炉で溶解し製品を作っている。古代や前近代的製鉄の時代は、炭素の少ない鋼と多い銑鉄の2系統で完全に回収されていた。現代では多種多様な合金が開発されたため、回収系統は複雑になり、最終的には廃棄されている。

現代の製鉄法と、前近代的製鉄法や古代の製鉄法は、何が異なっているのであろうか?

現代は鉄を作る原理的な条件は明らかになっており、この原理は時代を問わず普遍的に成り立つ。一方、古代や前近代の職人はこの原理が分からなくても、現代の私たちが知っている温度や圧力などの概念はなくても、実際に鉄の製品や構造物を製造していた。製鉄の普遍的な原理を満たしていなければ、製造することはできないはずである。しかも、現代とは全く異なった性質の鉄が作られていた。何か私たちが見落としている原理があるのではないだろうか?

古代や前近代の製鉄技術はすでに失われており、復元も実験的にはいくつかなされているが、これらから普遍的な原理を導き出した研究はない。前近代的製鉄や古代の製鉄は現在行われておらず、すでに死んだ技術として研究の対象にはされてこなかった。死んだ技術には研究する価値はないのであろうか？　著者は、現代と全く異なった性質を持つ過去の鉄に興味を持ち、これを解明して新しい製鉄法と新しい鉄鋼材料の開発を行うべく研究を行ってきた。

過去の技術はすでに失われて久しい。技術の詳細を伝える文献もない。本来、技術は「見て覚えろ、盗め」という暗黙知による伝承の世界である。しかし幸いなことに、我が国にはおよそ1500年前から行われてきた前近代的製鉄法である「たたら製鉄」と、それから作られる玉鋼《たまはがね》を用いた日本刀を作る鍛冶技術が継承され、現在も操業されている。これらの技術は人から人に伝えられる間に少しずつ異なってきているが、理論的な原理に従う技術だけが体験的に伝えられてきているはずである。

著者はそれらの技術を体験し、その普遍的な原理を解明してきた。それらの技術を体験する中で、鉄が溶ける時に必ず「沸き花」と呼ぶ白い火花が炎中に現れることを発見した。鉄が溶ければ大きな塊にできる。古代や前近代の職人は製造においても、この「沸き花」を指標にしていたに違いない。「沸き花」とは何であろうか？　それは製鉄や鍛冶において、科学的に普遍的な現象でなくてはならない。その現象を科学的に解明し、普遍的な原理を導き出す。その原理を基に考古学で明らかにされているデータから、4000年にわたって、人がどのようにして鉄を作ってきたのかを探究してみよう。

もくじ

第1章　古代人になって鉄を作ってみよう

■たたらとの出会い

昭和54年に、学生たちと岐阜県関市の刀匠孫六氏を訪問した。夏場には作刀は行わないとのことであった。そこで、材料の鉄をどのように調達しているかと質問すると、自分で作っているとのことであった。そして、鍛冶炉で実際に燃焼する木炭に砂鉄を入れ、数時間でひと塊の鋼塊（鉧《けら》。いわゆる鋼《はがね》）を作って見せてくれた。私は、鋼を溶鉱炉と転炉で作る現代製鉄法を研究してきたので、鋼があまりにも簡単にできることに驚いた。

大学に帰り、さっそく学生たちと見よう見まねの炉をレンガとモルタルで作り、ベニヤ板で送風機の鞴《ふいご》（吹子）を作って、製鉄実験を行った。送風して木炭を燃焼させ、砂鉄と木炭を交互に入れた。数時間後、炉を解体し炉底から大きな真っ赤な塊を取り出し、水中に投じ冷却した。大《おお》金槌《かなづち》で割ってみると、中は真っ黒な酸化鉄を含むノロ（製鉄工程で生成する廃棄物。スラグ）だけで鉄塊はどこにもなかった。条件を様々に変え挑戦したが、何度やっても全て失敗であった。鉄冶金学を専門としている私は狼狽《ろうばい》し、忸怩《じくじ》たる思いであった。すでに4年経っていた。

昭和58年夏に、意を決して関の孫六氏を学生とともに再度訪ねた。たたら製鉄のコツの教えを乞うためであった。しかし、彼は一言、「教えられない」と言う。秘伝なのである。食い下がる私に彼は、「実験たたら」をやっている鍛冶屋がいると教えてくれた。関市稲口に鍛刀工房を構える大野兼正刀匠である。

長良川の支流津保川のさらに支流の川浦川と大洞川の清流の合流点に工房はあった。１００坪程の敷地に工房とプレハブの休憩所があった。工房の外では、大野氏がちょうどたたら操業をやっていた。私たちは見学を許可された。

炉は60㎝角程の角形で下部60㎝程が粘土で作られており、その上に約40㎝角で高さ約60㎝の鉄板製の角形の筒が載せてあった。空気を吹き込む羽口《はぐち》は、炉下部に1本と粘土の炉の部分の中程に1本設置してあった。最初は炉下部の羽口で炉底を加熱し、その後上の羽口に切り替えた。砂鉄を入れ始めてからしばらくして廃棄物のノロを流し出した。約3時間後に炉を解体して中から5kg程の真っ赤に加熱した鉧塊《けらかい》を取り出し、清流に投げ入れて冷却した。金槌で固まったノロを取り去ると、中に銀色に輝く鋼塊が現れた。私はあまりにも簡単に鉄ができることに興味を持つとともに、炉の高さと炉下部の加熱がポイントであると理解した。

大学に帰り、学生と耐火レンガで炉を作り大野氏のやり方をまねてたたら操業を行った。そして、島根県斐伊川《ひいかわ》の砂鉄20kgから6kgの鉧を作ることに成功した。それからの私の関心は砂鉄から鋼塊（鉧塊）を作るために、最低限必要な製鉄の要素は何かということであった。そして、レンガだけで作る炉作りに1時間、加熱に1時間半、砂鉄装入は20kgにつき2時間半、炉内の木炭燃焼に1時間、最後に鉧出しと合計6時間でたたら操業を行う方法を確立し、いつしか「永田式たたら」と呼ばれるようになった。

■材料と道具を集める

著者は鉄を作る最も簡単な方法は何かを研究した。その結果、図1－1に示す「永田式たたら」と呼ばれる簡易な炉を開発した。

古代の人は周辺で調達できる材料で製鉄炉を作った。粘土や岩石である。粘土で炉を作ると、焚き火で乾燥しても長い時間がかかる。粘土の中の水が炉内に入ると、蒸発熱を奪うので温度が上がりにくくなる。水が炉内に入らないよう製鉄炉は様々な工夫がしてある。現在、レンガや建築用軽量ブロックが簡単に手に入る。これで炉を作れば水分の問題は解決できる。軽量ブロックの上にレンガで炉を築くと、簡単に1時間程でき上がる。乾燥の必要もない。レンガの隙間が少しできるが、引き込まれる空気は木炭の燃焼で消費されるので炉内に影響しない。設置する地面は平らにしておく。地面が湿っている場合やアスファルトなどの場合はトタン板などを敷くが、必ずしも必要ではない。

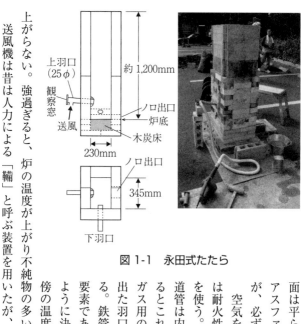

　空気を炉に吹き込む管を「羽口」と呼ぶ。昔は耐火性の粘土で作っていたが、ここでは鉄管を使う。内径25～30㎜の鉄管がよい。最近の水道管は内部に腐食防止の塗膜があり、加熱されるとこれが溶けて詰まってしまう。塗膜のないガス用の鉄管があるので、それを選ぶ。炉内に出た羽口を保護するために耐火粘土が必要である。鉄管の直径は、空気の流速を決める重要な要素である。空気が炉の中心部に吹き込まれるように決める必要がある。送風が弱いと羽口近傍の温度が上がるだけで、炉の反対側の温度は上がらない。強過ぎると、炉の温度が上がり不純物の多い銑鉄《せんてつ》や鋼塊ができる。

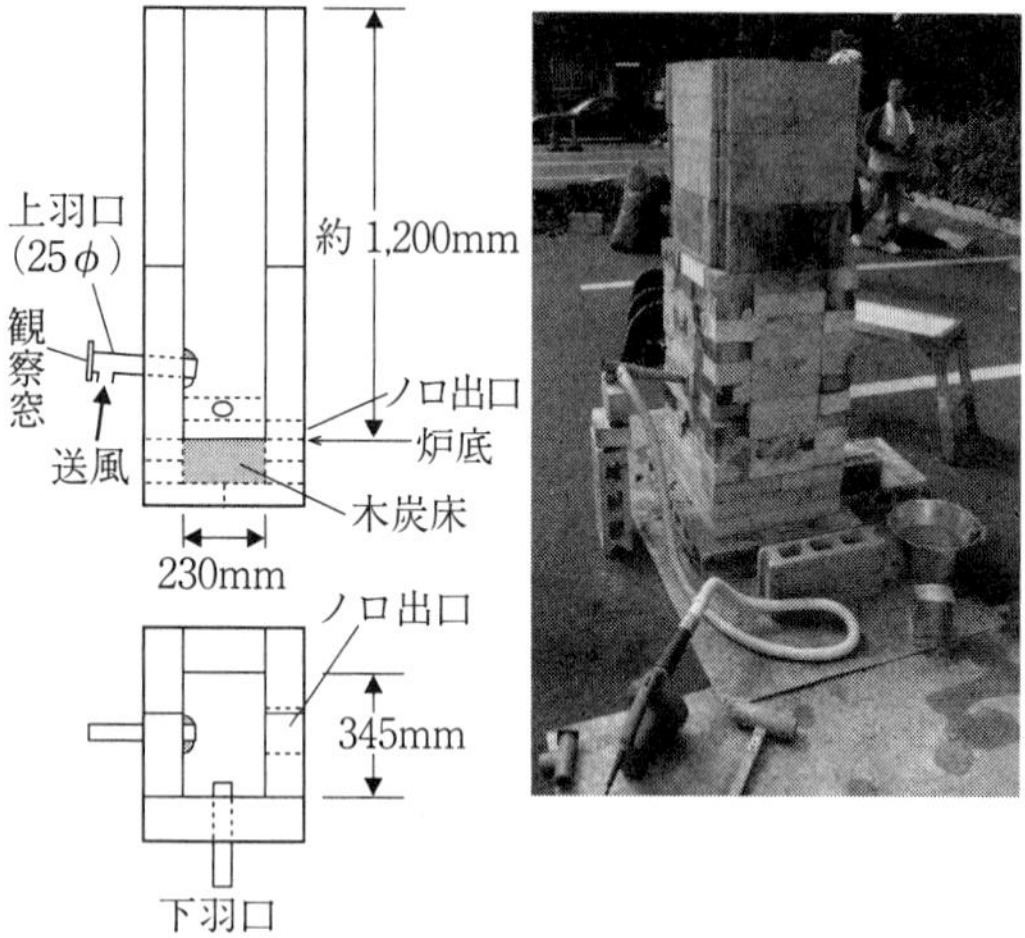

図1-1　永田式たたら

　送風機は昔は人力による「鞴」と呼ぶ装置を用いたが、作るのは難しい。そこで電動ブロワーを使う。風量調整つまみ付きがよい。風を送る管は抵抗が大きいので、鞴を用いていた頃は炉のそばに置いて管を太く短くしていたが、電動ブロワーは力が強いので電気洗濯機の排水ホースを使って送風した。

炉の中で鉄ができている状態を見るために、のぞき窓をつける。塩ビ製のT字管の一方に透明なアクリル板を接着して閉じ、その上を緑のセロファンで覆う。反対側を鉄管に接続し、T字の足の管から空気を吹き込む。緑のセロファンがないと炉の中は高温で真っ白にしか見えないが、緑のセロファンを通して見ると羽口前の炉内がはっきり見える。

木炭は、クヌギやコナラ、クリなどを炭窯で焼いて作った雑炭がよい。少し生焼けがよいとされるが、普通に焼けていれば十分である。鉈《なた》でこぶしくらいの大きさに切っておく。備長炭やバーベキュー用の固い炭は燃焼が遅いので使えない。岩手県などでは今でも焼いて売っている。

以上、材料はトタン板（鉄板、90㎝角以上）１枚、建築用軽量ブロック20個、ピザ窯用レンガ（SK32、２３０×１１４×65㎜）１００個、鉄管（内径約25㎜×長さ約３００㎜）２本、電動ブロワー1台、電気洗濯機用排水ホース1本、塩ビのT字管1個、透明アクリル板（小）１枚、緑の透明セロファン紙1枚、耐火粘土（１㎏）１袋、針金、布ガムテープ1個である。

原料は、木炭（雑炭）約70㎏、砂鉄20㎏である。砂鉄を10㎏増すごとに木炭を15㎏増す。

道具は、スコップ（大、小）２本、木槌1本、金槌（大）１本、金属製チリトリ１個、鉄棒

（バール、直径約20㎜×長さ1m以上、一方の先端が平らで他方が尖《とが》っている棒がよい）1本、細い鉄棒（直径約1㎝、長さ約1m）1本、金バケツ（大）1個、防護メガネ1個、耐火手袋1対、20㎏まで量れるはかり1台である。

これらの材料と道具、木炭は全てホームセンターで調達できる。

■永田式たたら炉を作る

図1－1に永田式たたら炉の設計図を示す。まず、平らな地面に軽量ブロックを6枚敷き詰める。必要ならトタン板を敷く。ブロックの上にレンガで箱を作る。箱の内法は、レンガ1枚×1・5枚、高さは2枚であり、底に敷いたレンガを入れると高さは3枚分、約20㎝になる。この上に炉のレンガ1枚分の面を開けて、レンガをコの字形に10段積む。開口部は鉧塊の取り出し口である。レンガは交互に重なるように積むと強度が増す。コの字形に積む途中、開口部から見て1段目の右側中央にレンガ半分の大きさの隙間を開け、「ノロ出し口」とする。左側4段目の中央に鉄管1本が入る隙間を開け、ここを羽口を設置する穴とする。開口部の端には半分の大きさのレンガが必要になる。レンガの割りたい線上を金槌の角で強く叩き、音が次第に鈍くなると割れる。欠片が飛ぶので防護メガネをする。

底の箱に粉炭をいっぱいに詰める。粉炭は叩いても表面が硬くなるだけで、中まで詰まらない。少しずつ粉炭を入れ金槌で軽く叩いて詰めるのがコツである。堅く詰めると、できた鉧塊が沈まない。詰めた粉炭の上面を炉底とする。炉底の周辺に粉炭を入れ、中央を椀状に凹《へこ》ませる。炉底から測ったレンガの炉の上端は約60㎝になる。

4段目左側中央に羽口を設置する。レンガの隙間を利用して、鉄管を内側に斜め下いっぱいに設置し、レンガの欠片や耐火粘土で固定する。炉内には約5㎝出し耐火粘土で鉄管を椀状に覆い保護する。鉄管の炉外に出ている側は粘土の蓋で軽く塞ぎ、高温のガスで加熱されるのを防ぐ。

鉧塊の取り出し口にレンガを1枚置く。その上の中央に下羽口の鉄管を炉内に数㎝出るように水平に設置しレンガで固定する。耐火粘土で軽く外側を覆っておく。これは操業の初期に引き抜き撤去するためである。その上にレンガを10段積み重ね開口部を閉じる。ノロ出し口は大きめの木炭で蓋をし、粉炭で密閉する。

下羽口と送風機を電気洗濯機用排水ホースでつなぐ。つなぎ目はガムテープで空気が漏れないように巻き固定する。

■鉧塊作り

いよいよ火入れである。新聞紙を軽く丸めたものを3、4個入れ、一つには点火して炉に入れる。木炭を5、6個入れ空気を吹き込む。新聞紙が燃え、パチパチという音が聞こえたら木炭に点火した証拠である。木炭をレンガの炉いっぱいに入れる。万が一火が消えた場合は、ノロ出し口から火を付ける。レンガの炉の上に軽量ブロック4枚を、横にして炉を囲むように角形に立て針金で固定する。これを3段積む。これで炉底から約120cm、ちょうど人の肩の高さになる。さらに軽量ブロックいっぱいに木炭を入れる。

送風しながら減った分だけ木炭を供給し、1時間半程炉の加熱を行う。炉から一酸化炭素ガスが発生し危険なので、炉上部の角から点火し燃焼させる。予熱の間に木炭の燃焼が10分間で手のひらの親指と小指を広げた長さ程度（約15cm）木炭が沈下するように送風量を調整する。木炭を供給する前に、細めの鉄棒で木炭の表面を軽く叩き、引っ掛かっている木炭を炉内に落とす。炉内が加熱されるとレンガが膨張して外側に反るので、木槌で叩いて直す。この時、隙間から炉内をのぞくと、木炭が加熱されて赤くなっている領域と温度の低い黒い領域の境界が見え、この境界が次第に上に昇っていくのが観察できる。炉が十分加熱されてくると、この境界がレンガの上から2段目辺りにきて、レンガの上部に触るとピリッと感じる熱さになる。

いよいよ砂鉄を投入する。最初の2回は1kgずつ、3回目からは1・5kgである。木炭は毎回約2kgであるが、燃焼速度により調整する。投入間隔は10分である。砂鉄はスコップで炉の中心に入れ、木炭は金属のチリトリやバケツ、あれば竹箕《たけみ》（図1－2）で入れるとよい。砂鉄を入れると、炎の色が透明な紫色から赤みが増してくる。これはノロが生成したことを示している。

砂鉄入れの3回目の前に、羽口の切り替えを行う。下羽口を引き抜き、穴を粘土で塞ぐ。ホースを鉄管から外し、のぞき窓のT字管の足に接続する。ついで、粘土の蓋を取り、T字管を上部の羽口にガムテープで接続する。この間、送風は止めないで素早く作業を行う。以後、10分間隔で砂鉄と木炭を供給する。

のぞき窓から中を観察すると、口絵写真5に示すように木炭の上に黒い小粒が見え、明るく光って丸くなり炉底に落ちていくのがわかる。羽口の下は高温に加熱された木炭が詰まっており、木炭の間を流れ落ちて炉底にあるノロ溜めに入り、互いに融着して鉧塊に成長する。

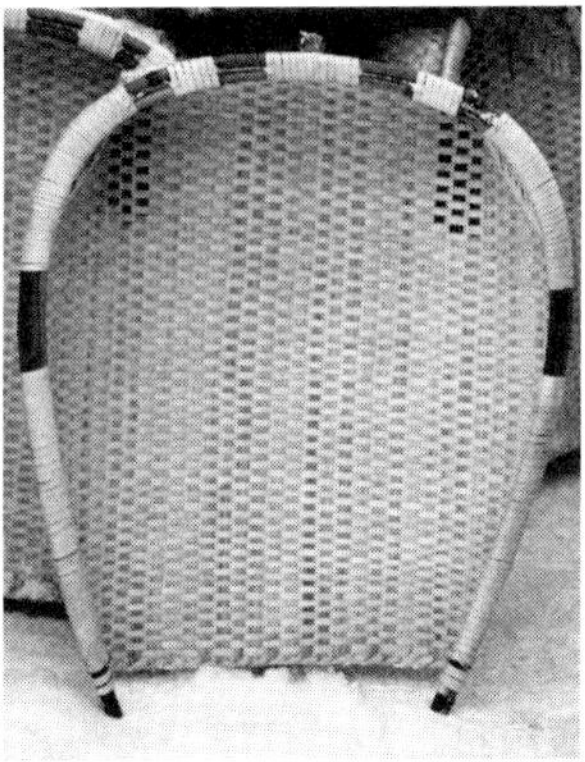

図1-2　竹箕

砂鉄を11kg入れた後に、ノロ出し口を開け、鉄棒で穴を突く。鉄棒はあまり中まで入れず、鉄棒の先にノロが付着していることを確認する。砂鉄の種類によっては、流れ出すこともある。ノロ出し口を冷えないよう再び木炭塊や粉炭で塞いでおき、以後、時々ノロを出す。ノロが溜まってくるとノロ出し口の炎の出が悪くなるので、わかる。ノロ出しの際、炉の中から細かい火花「沸き花」が炎とともに出る。これは鉄ができている証拠である。時にはノロに銑鉄《せんてつ》の粒が混じって流れ出し、これからも火花が出ているのが観察できる。炉から出る炎の色は次第に赤色から黄色に変わってくる。

砂鉄や木炭を入れるときは、防護メガネをする。ノロ出しに使った鉄棒は必ず水を張ったバケツに入れ冷却し、火傷を防止する。

所定の量の砂鉄を入れ終わったら、さらに送風を続け炉内の木炭を燃焼させる。木炭が減るのに合わせ、軽量ブロックを上から順次外す。軽量ブロックが全て外されたら、ワラあるいはワラ縄を木炭の上に載せ燃焼させる。ワラは黒い灰になり上面を覆う。これは操業にあまり意味はないが、儀式として面白い。

図1-3　永田式たたらでできた鉧塊

さらに送風を続け、木炭の減少に応じて、鉧塊の取り出し口に積んだレンガを1枚ずつ取り外す。羽口前の木炭が燃焼し空洞になるので、鉄棒で突いて木炭を落とす。木炭が羽口上まで減ったらT字管を鉄管から外し、送風を止める。すぐに炉内からジュクジュクという「しじる音」が聞こえる。これは鉧塊ができている証拠である。

音が静まったらバールでレンガ脇のノロを突き、壁から塊を外す。羽口の下とノロ出し口近辺を、バールを金槌で叩いて突く。レンガと塊が別々に動いたら外れたことがわかる。塊の下の粉炭にバールを差し込み、小刻みに振動させると、真っ赤に加熱した塊が浮き上がってくる。これをスコップで取り出し、バケツに張った水中に投じる。ゴロゴロと沸騰する音がして、温泉場の硫化水素の臭いが少しする。

冷却したら塊を取り出す。塊の上部は鉄塊の金属光沢をしており、ノロは炉底側に付いている。鉄板上で覆っているノロを金槌で叩いて落とし、鉧塊を取り出す。重量を測定すると、平均して砂鉄重量の４分の１の鉧塊が採れる。千葉県飯岡町（現・旭市）の海岸で磁石を使って採取した砂鉄20kgから得られた７kgの鉧を図１－３に示す。

この方法では、砂鉄の約10％が吹き飛ぶ。炉が小さいため体積に対して表面積が広く放熱が多くなるので、送風を強くするからである。また、木炭も多めに消費する。踏鞴を作製してこれで送風すると、脈動風になり砂鉄の飛散も少なく、できた鉧塊の収率も高くなる。また、操業時間を長くして炉全体の温度が均一になるようにすると、収率が上がる。

ノロができたかどうかは、操業中の炎の色の変化でその生成を知り、鉧塊の生成は炎中の「沸き花」の発生で知ることができる。このように、鉄は簡単にできる。次章では鉄の持つすばらしい特性を述べる。

第2章 「鉄を作る」とはどういうことか

■鉄は金属の王

鉄は「鐵」と書く。この字を分解すると「金属の王なる哉《かな》」となる。鉄は約4000年の昔、トルコ半島のアナトリア地方に住むプロト・ヒッタイトと呼ばれる人たちが発明して以来、人類の文明を支える主要な材料となってきた。

金、銀、銅、アルミニウム、チタンなど金属にはたくさんの種類があるが、それらの中で最も多く使われてきたのが鉄である。それは、硬くも軟らかくもでき、鋳込みや鍛造で様々な形のものができる。磁石や触媒など様々な機能性材料としても使われている。また、本来、錆び難い性質も持っている。そして、日本刀のように表面に模様を出すこともできる。インドで作られたウーツ鋼を材料にしたダマスカス刀は表面に美しい渦巻き模様があることで知られている（口絵写真7）。私たちの周りを見回しても、橋やビルの鉄骨、レール、自動車、鉄道車両、冷蔵庫や電気洗濯機、システムキッチン、フライパン、包丁、釘などいたるところに鉄は使われている。

鉄には他にも、鋼、鋳物など様々な呼び名がある。針金は一般に軟らかく簡単に曲げられるが、ピアノ線は非常に硬く弾力があり曲げるのに力が要る。一般に軟らかいのを軟鉄、硬いのを鋼と呼ぶ。

現在、鉄は炭素の含有量によって次のように分類されている。工業用純鉄は炭素濃度0・02％以下のものを言う。炭素濃度が0・02〜2・1％のものを「鋼」、炭素濃度2・1％以上は「鋳《ちゅう》鉄《てつ》」あるいは「銑鉄」と呼ばれる。鋼は炭素だけを主要に含む炭素鋼の他、炭素以外の元素を加えた合金鋼や特殊な性能や用途に適する特殊鋼がある。一般に炭素濃度0・3％以下の軟らかい鋼を普通鋼と呼んでいる。

■鉄は宇宙で生まれた

138億年前、ビッグバンにより宇宙が始まったと言われている。このときできた水素原子どうし衝突して核融合が起こりヘリウムを生成した。その後、星の形成と爆発を繰り返し、核融合で次第に質量の大きい原子ができると共に核分裂が起き、最終的に原子核のエネルギーが最も低い鉄になった。宇宙には隕《いん》鉄《てつ》と呼ぶ鉄塊が飛び回っており、地球にも時折落ちてくる。宇宙には水素が最もたくさんあり、次いでヘリウムがある。それ以外の元素のうち、4の倍数の質量数を持つ元素が宇宙に多く存在する。例えば、炭素は12で鉄は56である。隕鉄には鉄原子の仲間のニッケルが数%含まれている。

地球の中心にある核は鉄でできており、地球の質量の3分の1を占めている。核はケイ酸塩鉱物のマントルで覆われており、その表面に地殻の陸と海がある。クラーク数（地表から16㎞までの地殻に存在する元素の推定割合）では、酸素が半分、シリコン、アルミニウムに次いで、鉄は4・7%で4番目に多い。重い鉄が多いのは、他の元素と違って鉄が酸素や硫黄、ヒ素、炭酸ガスなど様々な元素と化合物を作って軽くなり、火山の噴火によってマグマとして地表に出てくるからである。

46億年前地球が生成した頃は地球の大気は炭酸ガスで、マグマに含まれた鉄はイオンとなって水に溶けて海に流れ込んだ。その後、光合成生物によって作り出された酸素と結びつき、溶けていた鉄イオンは海底に沈み岩石になった。その後、海底が隆起して大陸になり、「赤鉄鉱（ヘマタイト）」の鉱脈ができた。したがって、赤鉄鉱石は大陸で採れる。

日本列島は火山国なので、赤鉄鉱石はほとんどない。しかし、火山から噴き出したマグマは風化し砂となって河川に流れこむ。この中に含まれている砂鉄が「磁鉄鉱（マグネタイト）」で、比重が大きいので川の淀みに溜まり、また海岸に打ち上げられる。これがたたら製鉄の原料になる。

■鉄は銅と同じくらいの温度で溶ける

純鉄は1536℃で溶ける。この温度を融点と言う。鉄に炭素を溶解させると融点は次第に下がる。これは凝固点降下と呼ばれ、塩水が0℃以下で凍るのと同じ現象である。鉄の場合、含まれる炭素濃度4・2％で融点は1154℃まで下がるが、これ以上炭素濃度が増しても融点は下がらない。

銅が溶ける温度は1084℃なので、この温度は青銅器を作る温度に近い。人類は木炭を用いて銅を溶かした。鉄が炭素を吸収すると融点が下がり、木炭で溶かすことができた。このことは青銅器文明から鉄器文明への発展を容易にした。宇宙で生成される元素の内、鉄と炭素の組み合わせは絶妙である。

■鉄は魔術師

鉄は温度によって結晶構造が変わるという、たいへん珍しい金属である。結晶構造によって、性質も大きく変わる。人類が4000年ものあいだ鉄を使ってきた大きな理由の一つは、この性質を利用して、目的に最も適する鉄器を容易に作ることができたからである。

912～1394℃の鉄は、γ‐鉄と呼ばれる。γ‐鉄は、鉄の原子が最も密に詰まった状態で、金、銀、銅、アルミニウムなどと同様の、原子が移動しやすい結晶構造をとる。したがって軟らかく加工しやすいため、赤く熱した鉄は人がハンマーで打つことで容易に形成することができる。

912℃以下では、α-鉄と呼ばれる結晶構造に変化する。α-鉄の結晶はγ-鉄に比べて隙間の多い並び方をしており、原子が移動しにくくγ-鉄より硬くなる。実際に鋼を真っ赤に加熱して鍛造する際は、温度が下がり暗赤色になると急に硬くなり、加工が難しくなる。

γ-鉄にはα-鉄のほぼ100倍の炭素が溶け込むことができる。そこで、鋼を800℃くらいに真っ赤に加熱して水中に急冷すると、γ-鉄中に溶け込んでいる炭素が、α-鉄になっても鉄原子の間に過飽和に溶け込んだままになる。すると、鉄原子が歪み、動きにくくなるので、非常に硬くなる。これを「焼入れ」と言い、この硬い鉄組織をマルテンサイトと呼ぶ。刃物の刃は焼入れで硬くなり、よく切れるようになる。

一方、同じ温度からゆっくり冷却すると、727℃でα-鉄とセメンタイトと呼ぶFe_3C化合物に分解する。この混合組織はパーライトと呼び軟らかいので、鍛造で様々な形に造形できる。これを「焼鈍《やきなま》し」と呼ぶ。さらに室温で鍛造すると、結晶が細かくなり粘りが出る。

このように、鉄は硬くも軟らかくもできるたいへん便利な金属である。

■鉄はどのようにして作るか

鉄の原料は鉄鉱石である。鉄鉱石は鉄原子と酸素原子からなる化合物（酸化鉄）なので、酸素を除去すれば鉄にすることができる。鉄鉱石から鉄を作る（酸素を除去する）反応を還元反応と言い、１０００℃以上の高温度が必要である。

(1)鉄の原料

鉄鉱石は鉄と酸素が結びついている酸化物で、主に2種類ある。一つは赤鉄鉱でヘマタイトとも呼ばれ、化学式はFe_2O_3で表される。もう一つは磁鉄鉱でマグネタイトと呼ばれ、Fe_3O_4で表される。赤鉄鉱石は砕いた状態では赤みを帯びており、磁石に付かない。一方、磁鉄鉱は黒色で、磁石に付くので、簡単に区別できる。海岸や河川の黒くなっている砂丘で磁石に付くものは、磁鉄鉱の砂鉄が含まれている。

磁鉄鉱の結晶構造は鉄と酸素の原子が最も密に配列しており、スピネル構造と言われる。赤鉄鉱石はそれより少し隙間の多いコランダム構造をとる。したがって、酸化鉄を鉄にする還元反応では赤鉄鉱（ヘマタイト）の方がより酸素を取り除き易く、磁鉄鉱（マグネタイト）は難還元性である。

還元しやすい赤鉄鉱は主に大陸に鉄鉱床として大量に存在しており、露天掘りなどで大規模に採掘される。砂鉄は火山の噴火でできた花崗岩《かこうがん》や安山岩の中に数%含まれており、岩石が風化して谷に落ち、流れの中で比重が重い砂鉄が川床や海岸に溜まったものである。我が国は火山島なので、砂鉄はどの河川や海岸でも採取できるが、赤鉄鉱はほとんどない。

(2)高温を得る方法

鉄鉱石を還元して鉄を得るには、1000℃の高温が必要である。この温度を得るために、炉の中で木炭や石炭（コークス）に空気を吹き込んで燃焼させた。

木炭は人類にとって最も身近で、4000年前には恐らく高温を得るための唯一の方法であった。木炭は原料となる樹木の種類によりその性質が異なる。製鉄用の木炭はクヌギやコナラなどの雑木を炭焼窯で蒸し焼きにして作った。

コークスは石炭を蒸し焼きにして作る。

木炭やコークスの炭材を燃焼すると発熱し、高温が得られると同時に、炭酸ガス（CO_2）を発生する。

$$\mathrm{C}\ (\text{固体}) + \mathrm{O_2}\ (\text{空気中}) \rightarrow \mathrm{CO_2}\ (\text{気体})$$

CO_2ガスは高温に加熱された炭材と反応して、一酸化炭素ガス（CO）になる。この反応を「ブードワー反応」と言い、次の反応式で書ける。

CO_2（気体）＋C（固体）→2CO（気体）

このCOガスが酸化鉄中の酸素を奪い、鉄に還元する。

(3) 鉄ができる原理

鉄鉱石はブードワー反応で発生したCOガスで順次還元され、鉄（Fe）になる。これを反応式で書くと次のようになる。

$3Fe_2O_3 + CO \rightarrow 2Fe_3O_4 + CO_2$
$Fe_3O_4 + CO \rightarrow 3FeO + CO_2$
$FeO + CO \rightarrow Fe + CO_2$

コークスは1000℃以上でブードワー反応を起こすため、Feへの還元は1000℃以上で起こる。気孔が多い木炭を使った場合は、反応性が高いので600℃前後からブードワー反応が始まり、赤鉄鉱石は還元され800℃以上で鉄が生成する。一方、砂鉄は難還元性の磁鉄鉱のため1000℃前後から還元が始まるが、微粉の砂鉄は表面積が大きいので還元反応がより早く終了する。

鉄の製錬というと、一般的に高炉から流れ出る溶けた銑鉄を思い浮かべると思うが、木炭とコークスのどちらの反応も鉄の融点以下で起こるので、たたら炉や高炉の上部では固体のままで鉄に還元されることに注意しよう。

(4)鉄を溶かす

還元された固体の鉄は、そのままでは大きな塊にはならない。溶解して液体になると、表面張力と呼ばれる表面積を小さくする力が働くので、液体の粒の凝集が起こり、炉底に流れ落ちる。それが凝固すれば大きな塊を作ることができる。鉄は炭素を吸収すると融点が低下するので、より低い温度で溶ける。そこで、還元された鉄に炭素を吸収させると、容易に鉄を溶かすことができる。これを吸炭という。

それでは、鉄はどのようにして炭素を吸収するのであろうか?

最初、還元されてできた鉄粒と炭材はどちらも固体同士なので、点で接触する。その接点に液体の銑鉄液滴が生成する。小さな銑鉄の液滴は固体の鉄と炭材の両方に接するが、固体の鉄と引き合う力（界面張力）の方が炭材と引き合う力より大きいので、固体の鉄に向かって非常に速い流れが起きる。これをマランゴニー対流と言う。この流れに乗って炭素が固体の鉄側に供給され、急速に銑鉄の液体が生成する。生成した銑鉄は鉄と炭材間の界面を満たし、接触面積を増加させるので銑鉄の生成が加速される。

■スラグを見れば鉄の作り方が分かる

鉄鉱石中にはシリカ（SiO_2）やアルミナ（Al_2O_3）などの微細な鉱物の脈石が混在している。脈石とは鉱石の中に含まれている鉱石以外の成分で、経済的に価値のない、言わば不純物である。還元した鉄中にはこれら脈石が残っており、鉄が炭素を吸収して溶融するときに、木炭の灰分に含まれる石灰（CaO）と反応して「スラグ」として分離する。溶鉱炉では石灰石を加えている。スラグは鉱滓《こうさい》とも言われ、たたら製鉄では「ノロ」と呼んでいる。

スラグは、鉱石の種類や、炉や製法の違い、炉内の温度の違いによって成分が異なる。そこで、かつての製鉄所跡や、炉の遺跡に残されているスラグの成分を調べることで、どのように鉄を作っていたかを詳細に知ることができる。

■鋼を作る

焼入れができる鋼や低炭素濃度の軟らかい鋼を作るために、銑鉄の脱炭を行う。炭素濃度が減少すると鋼の融点が上がる。温度を上げるために、鋼の表面の鉄や炭素を空気や酸素ガスで酸化（燃焼）させ、発生する大量の熱を利用する。そこで生成した溶融酸化鉄（FeO）と銑鉄中の炭素が反応してCOガスを生成し、脱炭が進行する。このようにして温度を上げながら脱炭するとともに、大きな鋼塊や溶鋼を作る。

$$Fe + \frac{1}{2}O_2 \rightarrow FeO$$

$$C\text{（銑鉄中）} + FeO \rightarrow Fe + CO$$

鋼塊は鍛造して製品にする。

■鉄と炭素と温度を操る

初めて鉄を作った4000年前から今日に至るまで、1000℃以上の高温を得るために人類はずっと炭材（炭、石炭）を使ってきた。身近で簡単に手に入る高温を得るための術は、木炭や石炭を燃やすことしかなかったからだ。しかし、それ以上に鉄と炭素の組み合わせは絶妙であった。

炭素は炉を高温にするだけではなく、自らが鉄と化合している酸素と結びつくことで、鉄を還元する還元剤になる。さらに炭素は鉄に溶解することで、鉄の融点を下げることもできるうえ、溶解量を調節することで、鉄を望みの硬さにできる。

さらに温度によって結晶を変化させ鉄の性質を変えたり、「焼入れ」によって鋭い刃物も作ることができた。

人類が製鉄法を発見してから４０００年にわたる長い間、鉄を作る人々は炉の温度と炭素の振る舞いに細心の注意を払ってきた。しかし１０００℃を超える高温である。温度計もない時代に、何を目安に鉄を作ってきたのだろうか？

第3章　製鉄法の発見

■製鉄技術から見た区分

世界の製鉄の歴史は、一般に時代で区分されている。タイルコートによれば、およそ6000年前から始まる青銅器時代に続き、3700年以前にプロト・ヒッタイトが製鉄法を発見してかららローマ帝国が始まった紀元前27年までを初期鉄器時代とし、この間に製鉄法が世界に広まった。ローマ帝国が滅亡する5世紀までがローマ鉄器時代で特に西ヨーロッパに製鉄法が広まった。14世紀の中世に溶鉱炉が出現し、18世紀初めまでの近世では脱炭炉が発展し錬鉄が作られた。1720年から1850年までの産業革命では、木炭に変わりコークスを燃料とする溶鉱炉が開発され、工業化が進んだ。そして1856年のベッセマー転炉の発明以来、溶けた鋼が大量生産されるようになり鋼の時代になった。これが一般的に言われている製鉄の歴史である。

ここで鉄の歴史を技術的に見ると、炉高によって2つの製鉄法に区分ができる。

(1)炉高が約１ｍの、プロト・ヒッタイトのボール炉から中世までのレン炉で、固体のまま「低炭素濃度の鋼塊」のルッペを作る製鉄法

(2)炉高が２ｍ以上の、14世紀から現代に至る溶鉱炉で、「銑鉄」を製造する溶鉱炉法

である。炉高と、生産物が直接関連していることに注意してほしい。

(2)によって作られた銑鉄は、銑鉄から炭素を抜いて鋼を作る、いわゆる脱炭方法の違いで、さらに2つに分けられる。すなわち固体状態で鋼にする方法と、完全に溶解して鋼にする方法であり、「ベッセマーの転炉の発明の以前と以後」である。

(A)１８５６年のベッセマーの転炉の発明以前の精錬炉（refinery）とパドル炉で、鋼の融点直下の温度で完全に溶かさずに銑鉄を脱炭して「錬鉄」を作る方法

(B)１８５６年のベッセマーの転炉の発明から現代までの転炉と平炉で、溶けた銑鉄に空気や酸素を吹き付け、あるいは吹き込んで脱炭し溶けた鋼を作る方法

従来の歴史的区分との関連を見ると、「古代製鉄法」というのは炉高約1mの製鉄炉でルッペを製造する製鉄法であり、さらに溶鉱炉の出現から錬鉄を作っていた技術を「前近代製鉄法」、そして溶鋼を作る技術を「現代製鉄法」として3つに対応する。

前近代および現代製鉄法は、銑鉄を作る溶鉱炉と銑鉄を脱炭して鋼にする2段階の工程で、間接製鉄法と言う。現代では、粉鉄鉱石を団子状にして加熱し天然ガスで還元して鉄にする。その後、電気炉で溶解して鋼にする工程を直接製鉄法と呼んでいる。西洋の古代製鉄法は、ルッペと呼ぶ低炭素鋼を同じ炉で鉄鉱石から作るので直接製鉄法に近いが、鉄を溶解せず鍛造で製品を作るところが異なっている。

これに対し、日本の伝統的な製鉄法であるたたら製鉄は微粉の磁鉄鉱石の砂鉄を用いて、まず銑鉄を製造し、続けて同じ炉で鋼塊の鉧を製造する。そして銑鉄を大鍛冶《おおかじ》で脱炭して包丁鉄《ほうちょうてつ》を作る。これは間接製鉄法である。しかもルッペと異なり鉧は高炭素鋼塊である。包丁鉄や鉧を溶解せず鍛錬で製品を作るところは前近代製鉄法の範疇《はんちゅう》に入る。このようにたたら製鉄は世界の製鉄法と比べても非常にユニークである。

たたら製鉄や大鍛冶、下し鉄《おろしがね》、こしき炉では、鉄の溶解時に必ず炎中に現れる白い火花、「沸き花」と炉内から聞こえるグツグツという「しじる音」を指標として、鉄の生成、溶解および溶接の時期を判断した。さらに前兆として、炎の色が一酸化炭素ガスが燃焼する紫色から、スラグのノロが生成していることを示す黄色、さらに鋼材表面の酸化と脱炭が激しく起こり始めることを示す橙色に変化する。そして橙色に変化するとまもなく「沸き花」が出始める。このように変化する現象を炉内状態の把握の指標とした。これらの現象はすべて科学的に説明できる自然現象である。したがって、科学が発展していなかった古代や前近代の技術者もこの現象を指標に鉄を作り、鍛冶を行ったと考えられる。

■銅製錬法から発見した製鉄法

エジプトのギザのピラミッドから、紀元前3000年頃のビーズの飾りが発見されている。それにはニッケルを7・5％含む隕鉄で作られた鉄が使われていた。さらに小アジアのアナトリア地方のアラジャホユックでは、紀元前2500年頃から紀元前2200年の前期青銅器時代の王墓から、約15㎝の長さの10％のニッケルを含む隕鉄で作られた鉄剣が発見された（図3－1）。隕鉄は宇宙で生成し地球に落下した鉄で、ウィドマンシュテッテンと呼ばれる羽毛状の美しい結晶構造を持っているのが特徴であるが、非常に硬く加工が難しい（口絵写真10）。当時、アナトリア地方にはプロト・ヒッタイトと呼ばれる人々が住んでおり、高度な鋼の加工技術を持っていたことが分かる。そして、彼らが製鉄法を発見したと言われている。

当時、この地方は青銅器文明の時代で、銅製錬が行われていた。酸化銅の鉱石はシリカを多く

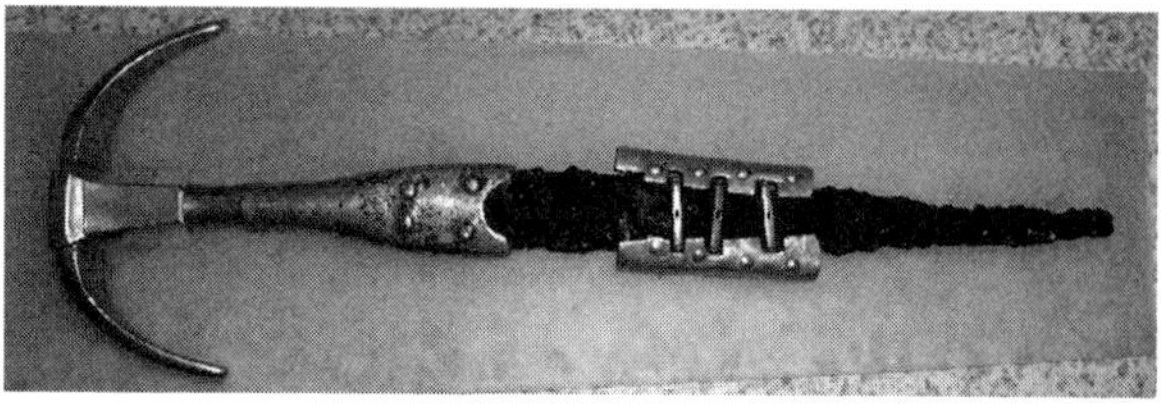

図 3-1　隕鉄で作られた世界最古の鉄剣
写真提供／中井　泉（東京理科大）

含んでおり、シリカを除去するために鉄鉱石やマンガン鉱石を砕いて製錬炉に投入した。そしてシリカをファイアライト（$2FeO \cdot SiO_2$）組成に近い酸化鉄濃度の高い組成のスラグにして流出させ、銅は溶融状態で得た。酸化銅の鉱石が少なくなり、硫化鉄を含む硫化銅鉱石を用いるようになると、焙焼《ばいしょう》（製錬の予備処理として鉱石を加熱すること）して酸化物にした後、酸化鉄を分離するため炉にシリカを投入して、ファイアライトに近い組成のスラグとして流出させた。この時、炉内の還元状態が少し強くなり、偶然に鉄が得られたと考えられている。

その後、紀元前２２００年頃から紀元前２０００年頃にヒッタイトがこの地を征服し、プロト・ヒッタイトの人々は職人として生き延びたが、製鉄法は外部に漏れぬよう厳重に管理された。ヒッタイト帝国があった小アジア中部の山岳地帯にあるアラジャホユック遺跡からは、紀元前17世紀の鉄滓《てっさい》（スラグ）が出土している。ヒッタイトは紀元前１７００年頃からほぼ５００年間アナトリアの全領域を占める強大な大帝国を築いたが、紀元前１２００年頃突然滅亡した。

ヒッタイト帝国の首都であったボアズキョイ（ハットゥシャ）で、紀元前1275年にエジプトとの間で戦われたカデシュの戦いの平和条約を記した粘土板が発見された。このボアズキョイ文書の一節に「良質の鉄はキズワナの私の倉庫できらしています。鉄を生産するには悪い時期なのです。彼らは良質の鉄を製造中です。……今日のところは私は一振りの鉄剣を送ります。」（大村幸弘『鉄を生みだした帝国』より）という書簡がある。したがって、ヒッタイト帝国では盛んに製鉄が行われていたことがわかる。製鉄が行われていたところは山岳地帯であった。

では、なぜ山岳地帯なのだろうか？

■製鉄炉の立地条件

日本のたたら炉の立地条件は、原材料産地に近くて運搬の便が良く、賃米である米が安価であることである。たたら製鉄では、「砂鉄七里に炭三里」と言われるように、かさ張る木炭の運搬が重要で、山間部の森の中にたたら炉が作られた。技術的には次のように述べられている。下原重仲著『鉄山必要記事』では、「鑪（たたら）炉自体は水、湿りを嫌うが、鑪場としては水が引きやすくかつその量も多い」ところで、一段と高い土地がよく、谷に鉄滓を捨てやすい場所がよいとしている。俵國一『明治時代に於ける古来の砂鐵製錬法』では、水力を利用するために「製鐵場を選定すべき位置は水利の便あり」としている。島根県雲南市吉田町に現在文化財として保存されている「菅谷《すがや》たたら」は、菅谷川と雨谷川の合流点に位置している。

江戸時代の18世紀初頭から高殿《たかどの》と呼ぶ工場でたたらが行われた。第二次大戦前までたたら製鉄を操業していた堀江要四郎村下《むらげ》（たたらの技術責任者）は、「どこのたたらも風を利用した建て方である」と風の重要性を述べている。

「常時急な谷川の冷たい風が下流から上流に向かって吹いている。良い場所に、谷の西風を受けて高殿内部の空気を吸い上げるように風は屋根を滑っている。これは炉内の温度を上昇させる」たたらに適している風を「かたい風」と言い、「湿気のない風、乾燥した風、冷たい風、谷の風」である。砂鉄の最終的水洗による比重選鉱を行い、水車動力を使うためには「水利の便」が重要であるが、堀江村下はさらに炉の温度を上げるためには「乾燥した風」が重要という。

ヒッタイト帝国の中心部は、小アジアのアナトリア地方中部をU字形に流れるクズルウルマック川（「赤い河」という意味）に囲まれた山間部にある。製鉄遺跡のアラジャホユックもこの地域にある。秋には非常に強い季節風が吹き荒れる。また、この地域には原料の鉄鉱石、燃料の木炭を作る森および冷却のための水がある。

■製鉄技術の伝播

ヒッタイト帝国が滅亡した後、続く5世紀の間に、製鉄技術はエジプトやギリシャ、メソポタミアの周辺地域からヨーロッパやアジア、北アフリカに伝わっていった。地中海沿岸にはフェニキア人が製鉄技術を広めた（図３－２）。ヨーロッパ北部へは、深い森のあるドナウ川沿いに伝わった。オーストリアのハルシュタット（Hallstatt）にある紀元前8世紀の墓から武器や斧が発掘されており、スイスのラ・テーヌ（La Tène）にも鉄の剣などを出土した大きな遺跡がある。イギリス島には紀元前５００年頃伝わった。そして紀元前４００年頃にはインドおよび中国に伝わった。アフリカへの伝播は遅く、南アフリカには紀元１０００年頃伝わった。このように、人間の移動により製鉄技術はゆっくりと伝播した。そしてそれぞれの土地で採れる樹木や鉄鉱石、炉を作る粘土、送風条件などにより、各地の条件に合った独自の製鉄技術が発展した。

図 3-2　古代ギリシアの鍛冶屋
Tylecote『A History of Metallurgy』より

ヨーロッパやアフリカに伝わった製鉄法は、炭素濃度が低い低炭素鋼塊のルッペを作る方法が発展した。一方、アジアに伝わった製鉄法は、インドではルッペを木炭粉とともにルツボに入れ外熱で加熱して炭素濃度１・６％のウーツ鋼の製造に発展した。さらに紀元頃の漢時代の中国では、溶けた銑鉄を作り鋳造を行った。スリランカでは山の急斜面を吹き上げる強い季節風を利用して、鞴を用いないで製鉄を行った。日本には6世紀後半に朝鮮半島を経由して技術が伝わり、当初は赤鉄鉱石粒を使っていたが枯渇し、9世紀頃から微粉で難還元性の砂鉄（磁鉄鉱）を利用する技術が開発された。

ヨーロッパとアジアに伝わった製鉄法が、このように全く異なった鉄を作った理由を述べる前に、ルッペの作り方と、銑鉄を作る木炭使用の溶鉱炉の技術を見てみよう。

第4章　ルッペの製造

■メヒコへの旅

２００７年９月７日朝10時、筆者はフィンランドの首都ヘルシンキの港に降り立った。スウェーデンの首都ストックホルムから一晩の船旅である。波止場にはヘルシンキ工科大学のラウリ・ホーラッパ教授が迎えに来ていた。もう一人、元鉄鋼会社の技術者であるフッキネン氏が加わり、教授が運転する車で一路北東に向かって出発した。途中、サボンリンナ市で休憩をとり、午後６時半、目的地のメヒコ村に到着した。ここはイロマンツィ市の東約20㎞の、ロシアとの国境に近い村である。今回の旅は、ルッペの製造を行っているグループを訪ね、その方法を研究する目的である。

この辺りはカレリア地方と言い、森と湖の国である。高速道路をどこまで行っても同じ景色が続く。森はほとんど赤松の林で、白樺も混じっている。メヒコには１８４９年から１９０８年までメヒコ製鉄所が操業しており、木炭高炉で年平均３３００ｔの銑鉄を製造していた。１８９８年には鉄鋼石1万５６０９ｔと木炭４万３５１５ｔから銑鉄５８４９ｔを生産し、これは当時ロシアの支配下にあったフィンランドの製造量の３分の1を占めた。案内書に「19世紀フィンランド最大の湖鉄鉱石製錬プラント」とあるように、原料は湖から採取される鉄鉱石であり、湖と川を利用してタグボートで運んでいた。現在は、破壊された高炉２基の炉下部が残っているだけである。２００５年から博物館が開設されているが、調査はほとんど進んでいない。水路が作られており、水車動力で送風機を動かしていた。

翌朝、この博物館を見学した後、高炉跡脇の芝生の広場で朝早くから操業準備していたグループに会った。鍛冶屋はウルポ・パルビアイネン氏で、がっちりした体格である。助手2名とシャフト炉（筒型炉）の加熱をしていた。送風機は蛇腹式のベローズ（送風機）で人力送風である。午後3時半頃ルッペを炉から取り出す予定である。ここには「農夫炉」が復元されており、数年前にホーラッパ教授指導の下、操業実験を行った。この操業については後に述べる。

その後、湖底から鉄鉱石を採取するというので、博物館から西に15㎞程離れた湖へ向かった。道具一式はパルビアイネン氏が車に積んで行った。ホーラッパ教授も筆者も採取を経験した。

15世紀頃のルッペの製造に関しては、アグリコラ著『デ・レ・メタリカ』とベック著『鉄の歴史』に記述があるが、その製造原理は分かっていない。今回調査したグループが行っている方法は鉄板製のシャフト炉を用いるなど現代の材料が用いられているが、炉の大きさや送風装置、用いた原料は中世と同じである。

図4-1　笊に採取した湖鉄鉱石

■湖底からの鉄鉱石採取と焙焼

５００５号線を西に車で10分程走り、途中から湖沿いの細い道に入る。10分程入ったところで車を降り、湖に下った。湖の岸部に浮かぶ小さな島に橋が架かっており、別荘があった。数km先に対岸が見える広い湖であるが、水深は数ｍである。この地方の湖はほとんどこの程度に浅いという。パルビアイネン氏の助手とホーラッパ教授、筆者は腰までである長靴を履き装備を固めた。鉄鉱石の採取器は金網を張った約30cm角の笊《ざる》で、約５ｍの棒の先に固定されている。湖の底を浚《さら》いながら棒を手前に引くと、笊の中に鉄鉱石が入る仕組みである。図４－１にその様子を示す。湖底は砂地で、小さな水草が少し混じる。水中で篩《ふる》って鉄鉱石を洗い水草を除去する。鉄鉱石は厚さ５～10mmの板状や直

採取地（スエーデン）	Fe_2O_3	SiO_2	Al_2O_3	MgO	CaO	MnO	燐酸	硫酸	水分
ヒュチンゲン（カルマー区）	68.839	7.386	7.894	0.162	0.612	0.604	0.701	Trace	13.786
オルスジェ（クロノベルグ区）	57.081	10.697	2.167	0.137	0.677	16.185	0.434	Trace	12.924

表 4-1　湖鉄鉱石の成分組成（%）
ベック著、中沢護人訳『鉄の歴史』より

図4-2　コイン状の湖鉄鉱石

径3～4cmのコイン状をしている。図4－2は鉄鉱石を示した。30分程で20kgが採取できた。昔はこの作業は冬季、湖が厚い氷で覆われる時期に行われた。湖のどこでも採取できるからである。

鉄鉱石は10年で再生するという。スウェーデンボルグは34年で再生すると述べている。この再生機構は、湖底から湧き出る地下水に鉄分が含まれており、寒いフィンランドの湖で冷却されて酸化鉄が析出する。地下水が湧き出るとき回転するためコイン状になるという。

次にこの鉄鉱石を焙焼する（図4－3）。約2m角のトタン板の上に3本の太い白樺の丸太を間隔を空けて並べ、その上にほぼ同じ長さの丸太を横に密に並べる。この上に鉄鉱石を広げる。さらに丸太を間隔を空けて並べ、その上に横に丸太を密に並べ、鉄鉱石を広げる。このようにして格子状に丸太を４段で約１ｍの高さに積み上げ鉄鉱石を広げる。下部で薪を焚き、焙焼する。また、表４－１にスウェーデンボルグによる成分組成を示す。シリカやアルミナが多いが、特にリンとマンガンが多い。実験で用いた鉄鉱石の鉄成分濃度は高く、多孔質で手で簡単に砕け、還元性はよい。

図4-3　湖鉄鉱石の焙焼

■ルッペの製造炉の構造

炉は鉄製のシャフト炉で図４－４に示す。直径40cm、高さ１０８cmで2段になっている。下部は高さ45cmで、粘土が椀状に厚く塗ってある。炉底の粘土の厚さは15cmで底の径は約20cmである。上部の厚さは約５cmである。粘土はシャモット粘土に暖炉などで木を燃焼した際にできる木灰を混ぜている。炉底から15cm、シャフト（筒型部）下部から30cmの位置に鉄製のジョウゴ状の羽口が設置してある。図４－５に示すように、羽口の先端は直径37mm、長さ約30cmの鉄管が水平に溶接してあり、炉内に約５cm入っている。その右側の炉底位

図4-4　ルッペ製造炉と鞴

図4-5　ルッペ炉の羽口

置に5㎝の穴が開けられており、排滓口になっている。上部は鉄筒である。炉底からの高さは93㎝で羽口からの高さは78㎝である。これはたたらと比べると約20㎝短い。

送風機はベローズと呼ばれる。洋梨のように膨らんだ形の厚板2枚を、鹿の一種である大ムースの皮で閉じてある。膨らみの幅は80㎝で出口に向かって狭まっている。出口は角材で、そこに上の板が蝶番《ちょうつがい》で接続されており、上下に動くようになっている。下の板には約10㎝の大きさの吸気口に板状の弁が付いており、上の板を上げると開き、下げると閉まる。出口の角材には穴が開けられており、直径約10㎜の鉄管が接続されている。この長さを調節し出口の空気抵抗を利用して、吸気の際、空気が逆流するのを防いでいる。この細い鉄管に直径37㎜の鉄管を接続し、ジョウゴ状の羽口に置く。密閉してないので、送風器から風が吹き出すと、周りの空気も引き込まれる。上の板には25㎏の重りが載せてあり、梃子《てこ》にした棒で引き上げて吸気する。次に重りで上の板がゆっくり下がり出口から空気が吹き出す。ベローズの容量は２２０Ｌで、板の端のストロークは１mである。１動作が20秒なので、毎分６６０Ｌの空気を送風している。

■操業

朝、炉を補修し、赤松で焼いた木炭を燃焼させて3時間程乾燥と加熱を行う。木炭はバケツの中でスコップを使ってこぶし大に適当に割ったもので、細かいものまで装荷している。木炭の大きさに気を使っている様子はない。燃焼速度は10分間に約10㎝でたたらとほぼ同じであるが、たたらで使っている雑炭と比べると軽いので、発熱量はたたらより少ない。

乾燥が終了すると約10分間隔で木炭を入れ、その上に1～2㎜の大きさに砕いた鉄鉱石を装荷する。鉄鉱石に続いて石灰粉を適当量入れる。1回の装荷量は一定でなく、鍛冶屋が判断している。4時間かけて鉄鉱石15㎏と木炭25㎏を装荷した。この重量は秤《はかり》で量ったのではなく、鍛冶屋が手で持ち上げて判断した。1回の装荷量は鉄鉱石６００g、木炭1㎏となる。この間、図4－

4に示すように、助手が梃子の棒を体重をかけて引き下げて吸気し、手を離して送風する。鍛冶屋は火の調子を見ながら指示を出し、送風量を調整している。時々、スラグを排滓している。スラグの粘り具合を見て、石灰粉の量を調整する。スラグの色は黒色でファイアライト組成に石灰を溶解している。$FeO-SiO_2-CaO$組成のスラグである。たたらのスラグ（ノロ）は$FeO-SiO_2-TiO_2$組成で粘性は低くサラサラと流れるが、ルッペ炉の場合、炉内温度は1300℃程度で、スラグの流れは悪い。

羽口から炉内を緑色のガラスを通してのぞくと、還元した鉄が羽口前で木炭と接触して吸炭し、溶融する様子が観察された。これはたたら製鉄と同じ現象である。たたら製鉄では、羽口前で鉄粒の表面が酸化され反応熱で高温になっていることが観察される。また、スラグも羽口上で生成し木炭の間を流れ落ちている。

鉄鉱石の装荷を終えると、1時間程木炭の燃焼にまかせる。上部の鉄板製シャフト炉内の木炭が燃焼し終えたら、シャフトを外した。

■鍛造

燃焼している木炭を除去し、ジョウゴ状の羽口を除去して、最後にルッペをハサミで挟んで取り出した。真っ赤に焼けたルッペを高さ1m程の太い丸太の上に固定した金床《かなとこ》に載せ、鍛冶屋がハサミでルッペを保持している間に２人の助手が数kgの重さのハンマーで交互に打ち、鍛造した。これを図４‐６に示す。スラグが絞り出されて飛び散るが、それほど多くない。最後に弁当箱大の直方体に成形した。所要時間は10分程である。

図4-6　ルッペ塊の鍛造

15世紀のルッペ製造工場では、大きなルッペを大きな木槌で叩きスラグを落とした。さらに大きなルッペ塊をまだ真っ赤なうちに大きな鏨《たがね》で小さく切断して、それぞれを金床の上で鍛造してスラグを絞り出した。重いハンマーを急ピッチで振り下ろし、鋼塊が赤熱しているうちに鍛造する重労働であった。後に水車動力の利用により生産性の向上が図られた。

■ルッペの性質

鍛造してできたルッペは長さ約20cm、幅約13cm、厚さ約３cmの大きさで重さ約６kgであった。酸化鉄の多いスラグはほとんど含まれていない。炭素濃度は０・004～０・88％と大きくばらついている。平均濃度は０・３％で、試料端の高炭素濃度を除くと平均０・２％である。酸素濃度は表面近傍では非常に高い値があり、これは酸化鉄を含んだ値である。中心部の値を平均すると０・05％である。この値は、室温での鉄に対する酸素の溶解度０・００２％より非常に大きな値であり、過飽和に固溶している。これは第17章で述べる和釘の状態と同じである。

翌日、鍛冶屋のウルポ・パルビアイネン氏は別れ際に図４－７に示すナイフを作って私に贈ってくれた。どのようにルッペを処理したかの説明はなかったが、炭素濃度をある程度均一にするために数回の折返し鍛錬を行い、焼きを入れたと思われた。刃にはパルビアイネン氏のイニシャルであるＰが刻印されている。柄と鞘は白樺の木でできており、柄の先は熊の頭が、鞘の先には魚の口らしき形が彫られている。たいへん面白いデザインである。

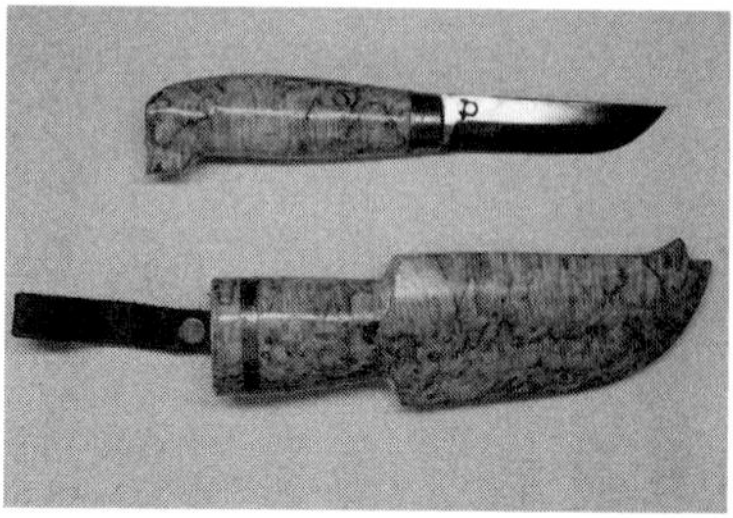

図4-7　ルッペで作ったナイフ（ウルポ作）

第5章　最古の高炉遺跡——ラピタン

■ラピタンへの道

フィンランドのメヒコ村で行われたルッペ製造実験の後、次の目的地である最古の高炉遺跡ラピタンを訪れた。9月12日水曜日、天気は快晴である。ストックホルム中央駅からボルレンゲ駅行き急行列車に乗った。目的地はストックホルムから北西130㎞にあるアベスタクリルボ駅である。そこでスウェーデン鉄鋼協会のラース・ベンテル博士と待ち合わせ、ラピタンを案内してもらう約束である。「急行はアベスタクリルボ駅に止まらない。アベスタ駅からバスで1駅戻る」と切符売り場で言われた。

ストックホルム中央駅を出て電車はアルランダ空港、ウプサラ市、サラ市を通り、1時間半程でアベスタ駅に到着した。低いプラットフォームがあるだけで何もない駅員もいない寂しい停車場である。バス停らしきところで数十分待つが何も来ない。通りがかりの人に切符を見せてバス停を聞く。すると、そのバスは10分程離れたバスターミナルから出るという。もう間に合わないと言いながら、親切にもちょうどやってきたバスの運転手に話して一緒にバスターミナルに連れて行ってくれた。しかし、予定のバスはすでに出てしまっていた。その人は、そばに腰かけていた女性から携帯電話を借り、筆者がメモしていた電話番号でベンテル氏に電話してくれた。うまくつながり、程なくして博士が車で迎えに来た。親切に案内してくれた人に礼を言い、新ラピタン博物館に向かった。博物館はアベスタ市の西南西30㎞の68号線沿いのノルベリという町にある。博物館ではヤンセン女史が待っていた。

ノルベリがある中部スウェーデンのバーストマンランド地方は、かつてスウェーデンの製鉄の中心地であった。スウェーデンの製鉄史については矢島忠正の概論がある。経済や政治的な背景と製鉄技術の発展の歴史が、近代製鋼法誕生までわかり易く書かれている。なお、ラピタンはラップ人の高炉という意味である。

最初に銑鉄を製造したのは中国で、春秋時代初期である。ヨーロッパでは鋼塊のルッペの製造が行われてきたが、14世紀頃から高炉で銑鉄が作られるようになった。その最も古い遺跡がスウェーデンに2つある。ラピタンとビナリタンである。炭素同位体による年代測定では、1150～1350年頃の遺跡である。証拠はないが、モンゴル経由で中国の銑鉄製造技術が伝わった可能性は否定できないと、タイルコートは述べている。一方、ベックはシュトゥック炉から自然に高炉が発展したと述べている。この古い高炉は、一方でルッペを製造していた「農夫炉」と形状がよく似ているので、まずこの炉についてベックの『鉄の歴史』の中で記述しているスウェーデンボルグの記録を見てみよう。

■農夫炉

スウェーデン中部のバーストマンランド地方のリダリタン（Riddarhyttan）では、炭素同位体年代測定で紀元前400年頃と判定された高さ約1m、幅約0・5mの低シャフト炉の製鉄遺跡が発掘された（ベック『鉄の歴史』）。この炉はルッペ製造炉である。原料はレードヨルド（Rodjord）と呼ばれる赤土の沼鉄鉱で、鉄分を60％含む比較的高品位の鉱石である。焙焼して使われた。スウェーデンは7世紀頃すでに鉄をもたらす国「ヤンバラランド（Jarnbaraland）」と呼ばれており、農民が低シャフト炉で鉄を製造し、農具などを自家用に製造していた。オスムント鉄と呼ばれ、原料の沼鉄鉱と同じ意味である。この炉は「農夫炉」と呼ばれ、ルッペを製造した。原料となる沼鉄鉱石や湖鉄鉱石はリン濃度が高いが、この炉で作るとリンがスラグに入り、できた鉄中に入らない。したがって、19世紀末頃でも製造が続けられていた。14世紀中頃から15世紀終わりまでスウェーデンの鉄生産量は年平均約4000tである。これらは農夫炉で作られた。

図5-1　農夫炉
ベック著、中沢護人訳『鉄の歴史』より

原料は沼鉄鉱石と湖鉄鉱石であるが、これらはいずれも地下水に溶けた鉄分が析出して水酸化鉄のリモナイト（褐鉄鉱）になる。沼鉄鉱石は細かい赤石であるが、湖鉄鉱石は前章で述べたようにコイン状で10年ごとに再生する。スウェーデンでは1860年当時2万2000t採取されていた。これらを白樺の木を井桁に組んだ火格子で焙焼した。焼いた鉄鉱石は気孔が多く指で簡単に崩れるが、被還元性はよい。

この鉄鉱石を「農夫炉」で製錬してルッペを作った。農夫炉は図5－1に示すように四角の炉で、四方を木材で囲むか、斜面を利用する場合は、三方を囲む。囲いの下の一辺は1・2m、上の一辺は1・8mである。この囲いの中は45㎝まで石が詰められており、その上、囲いの中心に平らな底石を置く。底石の上に上広がりのシャフト炉を築造する。炉底から炉頂までは1・7mで、囲いの高さは約2・6mとなる。炉底の直径は80㎝で炉底から45㎝までは垂直であり、その上は上広がりで炉頂の直径は１・65ｍである。炉底から10㎝の位置に羽口が水平に設置してある。炉壁は平らな石とローム粘土で作られた。木枠側に石で壁を作り、炉壁との間に乾燥した砂を詰めた。炉壁は外壁より少し高くし、平らな石を敷いて、炉と外壁の間に蓋をした。炉底の羽口側をロームと焙焼した鉱石との混合物で炉底の一部を覆う。広さは長さ30㎝、幅25㎝、厚さ２・５㎝で、ここに還元した鉄が集まってルッペが生成し、その周りにスラグが流れるようになっている。

以上は19世紀末頃の炉の形状であるが、19世紀初め頃の炉底は80×40～45㎝の長方形で、垂直壁の上は同様に上広がりの円筒であった。鞴は２台である。羽口はジョウゴ形で広がっている部分は平らになっている。ここに鞴の送風管が羽口に向かって置いてあり、風が勢いよく羽口に吹き込まれる。18世紀では人力あるいは水車が動力源であった。

燃料と還元材は薪で樅の木と樫の木を使った。最初に木炭を作る。長さ約１ｍ、太さ約５㎝に割られた薪を炉壁に沿って差し込み、炉底のシャフト部で交差するようにして空間を作る。炉底に火を投げ込んで点火し、次いで約75㎝の長さに切った薪を装入し、炉頂から90㎝程盛り上げる。その際真ん中は空気が通るように粗く装入する。薪が沈下したら木屑や小枝などを詰め、蒸し焼きのようにして木炭を作る。またこの燃焼で同時に壁を加熱する。

真っ赤に焼けた炭を真ん中と炉壁に木のシャベルで押し付け、その間に燃えて半分炭になった薪を置く。砕いた鉱石10ポットをシャベルで掬《すく》って周辺に装荷する。鉱石が真っ赤に焼けたらこれを鍬《くわ》で炉の中心に押しやる。鉱石8ポットを装荷し鉱石が赤熱したら、鞴で送風をゆっくり開始する。真ん中に集められた鉱石は順次沈下し、送風を次第に強くして、鉱石が沈下したら周辺から赤熱した鉱石と炭を押しやる。炭がほぼ半分燃焼したら、鉱石を4ポット装荷し送風を弱める。予熱した鉱石を真ん中に押しやり、中心が沈下し始めたら炭を羽口から除去してスラグを落とし、上から棒を突っ込んでまだ分散している鉄をルッペに付着させる。壁に付着している炭と鉱石を離して塊の上に置く。ゆっくり送風し、塊を熊手で回転させて団子にする。これを火バサミでつかみ炉の上から取り出し、すぐに大きな石の上に載せハンマーで2つに切り、鍛造してスラグを絞り出すと同時にまとめる。

ルッペの重さは15～20kgで、3人の労働者が1日に5～6個生産した。ここで1ポットの重量は沼鉄鉱石の鉄分を60％とし、たたら製鉄の収量を参考にして、鉄鉱石重量の4分の1が鉄になるとして計算すると、4kg程度になる。また、1860年当時のスウェーデンの鉄の生産量と沼鉄鉱石の採掘量から推定しても、同様に4kg程度である。

■最古の高炉遺跡

68号線をアベスタ方向に少し戻り、途中から右に入り東へ行く。赤松林の丘陵を登り10㎞程行

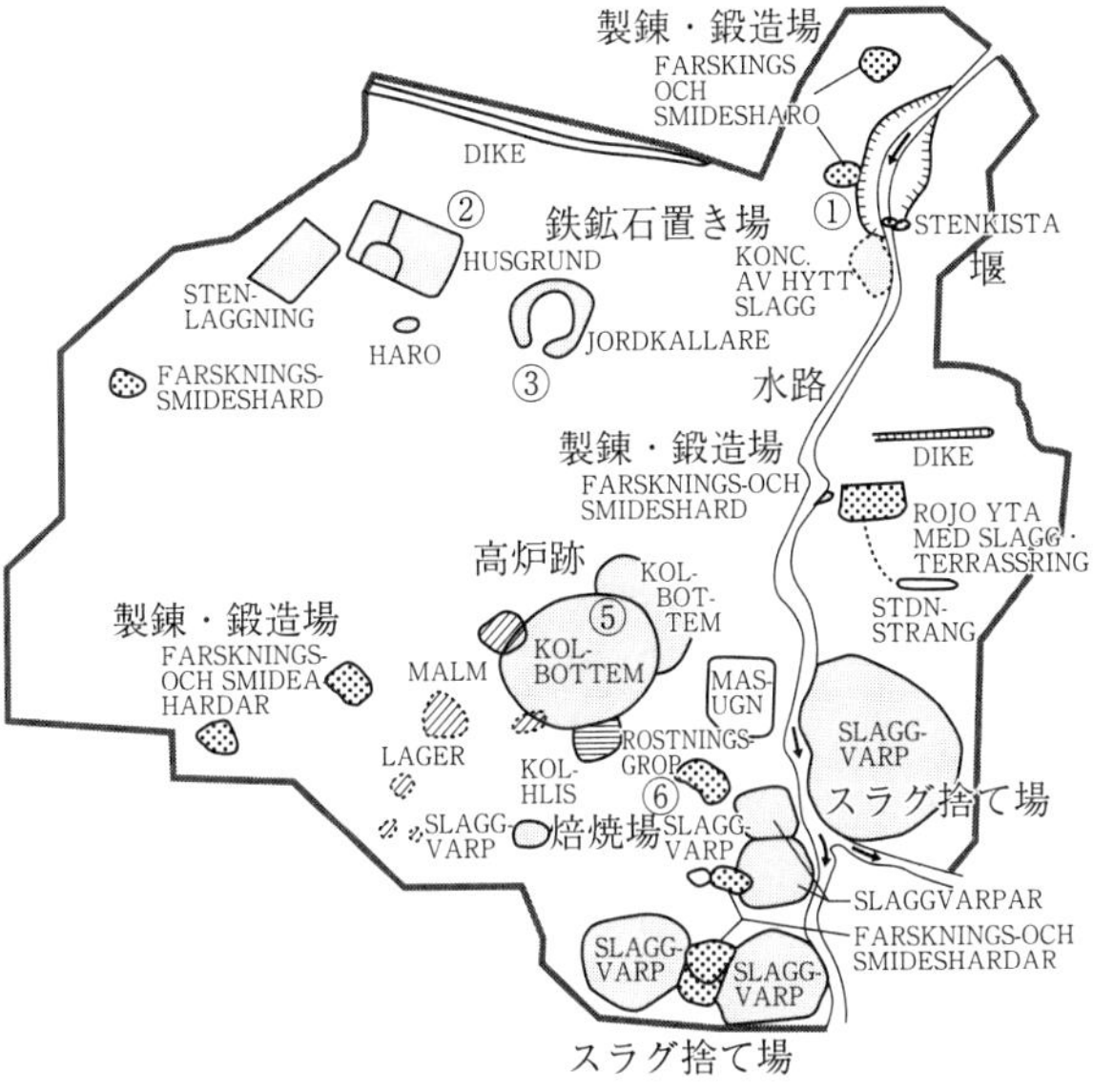

図 5-2　ラピタン高炉遺跡配置図

ラピタン博物館パンフレットより

ったころ道の左に「ラピタン」と書かれた表識があった。さらに林の中に分け入る。数百mほど行って自動車を降り、侵入止めの柵の入口から林の中に入る。しばらく行くと林を切り開いた空間が現れた。草や低木が生い茂っている。看板に説明書きと遺跡の見取り図が張ってあった。説明書きには次のような説明があった。

「ラピタンは中世の時代、１１００～１４００年頃操業していた。岩鉄鉱石を使った現存する最も古い高炉であり、行政区であるノルベリ鉱山地域内の一つの高炉である。農民が所有し、農閑期である晩秋から早春にかけて副業で操業した。原料置き場、焙焼場、高炉、製錬場および鍛造場がある。この地域では2000年もの昔から沼鉄鉱石や湖鉄鉱石から鉄を作っていたが生産性が悪く、かなり早い時期から岩鉄鉱石で銑鉄を作った。その多くの鉄がドイツに輸出され、教会や貴族、商人が早い時期からこの鉱山地域で利権を争った。14世紀には製鉄に税金が課せられ、また税の減免を受けたりした。15世紀には政府公認の鉱山組合が結成され、ラピタンはその後のスウェーデンの工業の発展の初期を築いた。ラピタンは1978～1983年にかけて発掘された」

図5-2はラピタンの設備の配置図である。傾斜地で図の上から下に下がっている。上に原料置き場などがあり、小川の左側に高炉がある。高炉のすぐ下に焙焼場がある。小川の上流にはダムの堰《せき》がある。製錬・鍛造場は小川に沿って2ヵ所あり、高炉の左側にもあり、計3ヵ所ある。高炉や製錬場の周りには膨大なスラグ捨て場がある。鉱山から岩鉄鉱石を運び込み、焙焼し破砕する。木炭は森で焼きこれも運び込む。小川の脇の高炉で銑鉄を製造する。水力で水車を回し送風する。そして製錬炉を経て鉄を運び出す。

ラピタンの高炉跡には炉床部分と炉壁の一部が残っている。ヤンセン女史はスラグ捨て場を少し掘って、スラグや木炭のかけらを拾い説明をしてくれた。

■ノルベリ周辺の高炉遺跡

ラピタンの高炉遺跡を見学した後、ノルベリ周辺の高炉遺跡を数ヵ所見学した。１８７４年まで操業していた高炉跡でランドフォルゼンシタンと言い、ラピタンへの道を丘から降りた町中にある。幅３ｍ程の石造りの水路の脇に、高炉の基礎として約３ｍ角の大きな石が４隅に配置されているだけである。図５－３は１９１７年まで操業していた高炉でホグホルシタンと言う。赤レンガ造りの高炉が２本立っており、送風管が残っている。建屋のコンクリート壁はスラグを使って作られている。地図を見ると高炉を意味するシタンと名の付く地名がこの地域の各所に残っている。

図5-3　ホグホルシタンの高炉

■ラピタン高炉の復元

ヤンセン女史に案内され博物館の裏庭に出た。そこにはラピタンの高炉が復元されていた。図５－４に絵葉書に描かれたラピタン高炉の全景を示す。真ん中奥に四角の高炉があり、炉頂から原料を装荷している。炉頂に上る板橋が架けられている。高炉の左に水車が見え、左から水路が設置してある。右手前から男が一輪車で鉱石をその奥の原料

図5-4　ラピタン高炉全景
ラピタン博物館絵葉書より

置き場の小屋に運んでいる。その鉱石を高炉の右で焙焼する。その少し手前で焙焼した鉱石を2人の女性が破砕している。2人の男が焙焼した鉱石を籠に入れて高炉に運んでいる。右奥の小屋は鍛冶屋である。左手前には冬季に鉱石を運搬するソリがある。

図5－5に復元高炉を示す。約4ｍ角で高さは3・5ｍ程度の石組みの炉である。炉の左に水路があり、中央に鞴が2台ある。右からは木造の橋が架かっている。炉は中央にある。炉壁は厚さ10㎝程の平たい砂岩板をロームで固めて作られている。石組みとの間には砂が詰められている。炉の深さは3・2ｍ、四角の断面で炉頂は一辺70㎝、上から2・5ｍの位置で一辺1・2ｍに広がり、その下にボッシュ（炉腹部）があり、上から2・7ｍで一辺30㎝に絞られる。そこに羽口が1本ある。この下は銑鉄溜めで深さ50㎝、一辺30㎝角の炉床がある。板橋の反対側の炉下部に1ｍ程の凹みがあり、その奥に出銑口がある。農夫炉の羽口位置は炉床から10㎝であり、生成したルッペに直接風が当たるが、この高炉の羽口は炉床から50㎝でその下に銑鉄溜めがある。

鞴は長さ３ｍ、幅１ｍの梨形をした2枚の板の間に大ムースの皮を張り蛇腹になっている。狭まった側は木のブロックに取り付けられ、上蓋は蝶番で固定し水車のカムで板の広い側を持ち上げる。下の板には約10cm径の穴が開けてあり、板の弁が内側に開閉して空気を取り入れる。一方、木のブロックには約１cm径の細長い穴が開けてあり、空気抵抗で逆流を防いでいる。水車の直径は約３ｍ、幅約80cmである。上流から１００ｍ程の板張りの水路で導いた水を上かけして水車を回転させている。

ヤンセン女史の話では、2年に1度操業を行っているが、うまく銑鉄ができないという。鉄鉱石はマグネタイト（磁鉄鉱）のダネモラ鉱石を焙焼し、1cmくらいの大きさに砕く。リンの多い沼鉄鉱石や湖鉄鉱石は使えない。木炭は周りにたくさん生えている赤松を使う。

図5-5　ラピタンの復元高炉

■木炭高炉の操業

18世紀前半の高炉操業をスウェーデンボルグの説明で見てみよう（ベック『鉄の歴史』より）。この頃の高炉は、炉高5・5m、炉腹位置1・5mで炉腹径1m、湯溜め（溶けた銑鉄溜め）径30㎝で、ラピタンの高炉と比べると高さが少し増し、炉腹部（ボッシュ）の傾きが大きくなっている。高炉の築造が終わったら、数日間薪を炉床で焚いて乾燥させる。次いで、炭を詰め炉頂に蓋をして8〜14日間ゆっくり燃焼させ、徐々に温度を上げる。特に壁の温度を上げるようにする。復元した木炭高炉の操業状況を図5－6に示す。

水車をゆっくり動かして初めの10〜14日に送風量をゆっくり上げる。木炭と鉱石を交互に装荷する。鉱石は最初中心に入れるが、壁の温度上昇にしたがって壁際の温度が高いところに装荷する。生産量は炉況が良い時は12日後に1日4tというときもあるが、普通は3〜1・4tである。8〜12時間後に初出銑があり、以後48時間に5回出銑を行う。調子の良い時は鉄200㎏に対して炭12〜14tで、調子の悪い時はこの倍以上消費した。鼠銑《ねずみせん》（炭素を黒鉛の状態で多量に含む銑鉄。断面がねずみ色）を製造するが、生鉱下りが頻繁に起き、白銑（炭素が黒鉛状にならない銑鉄。断面が白い）ができるときもある。

原料の手持ちがなくなったときに操業を終了する。吹止め作業は18〜20時間かけ、その間2〜3回出銑する。最後の鉄が流出したら羽口を粘土で塞いだ。

最古の高炉遺跡ラピタンを始め、スウェーデン中部ノルベリ地方の製鉄遺跡を見学した。農夫炉と高炉は原料が違うので操業方法は異なるが、炉の形態はよく似ており、高炉の初期の発展に農夫炉が影響を及ぼしたと考えられる。しかし、農夫炉は原料鉱石が沼や湖から簡単に採取でき、リンが多くとも品質の良い鉄が製造できたので、19世紀終わりまで操業が行われていた。これは我が国でやはり19世紀終わりまでたたら製鉄が操業され、玉鋼《たまはがね》（たたらで作られた良質な鋼で、主に日本刀に用いる）という優秀な鋼が生産されてきたことと相通じるところがある。

低炭素鋼のルッペを作っていた古代製鉄炉から銑鉄製造の溶鉱炉へ発展する過程で、炉の高さが次第に高くなり、ルッペ製造から銑鉄製造に代わってきた。

図5-6　世界最古（13世紀）の木炭高炉の復元と操業（ラピタン）

第6章　古代・前近代のルッペの製造炉

■鉄器時代初期の製鉄炉

人類が最初に製鉄を行った当時の製鉄炉は、ボール炉と呼ばれている。図6－1にイギリスの東北部に位置するダラム州の西ブランドンで発掘されたボール炉を示す。地面に丸い穴を掘り、粘土を内張りに塗り、その上を粘土製の椀形のドームで覆っている。炉の内法は内径30㎝程度、高さは内径の2倍程度である。地面とドームの境目に粘土製のパイプの羽口を設置し、ヤギの皮袋の送風機（bellows）を人力で強制送風して木炭を燃焼させた。そして、ドームの上に開けた穴から砕いた鉄鉱石と木炭を混合して、あるいは層状に投入した。温度は高くても1200℃程度である。操業後、炉を壊し鋼塊を取り出した。スラグの流出口はなく、生成した鋼塊の下に固まって椀状のスラグ塊が発掘されている。これは鋼塊ができると風が炉底に回らないため、木炭が燃焼しないので炉底の温度が下がり、鋼塊の下に流れ落ちたスラグが固まって鋼塊を押し上げ

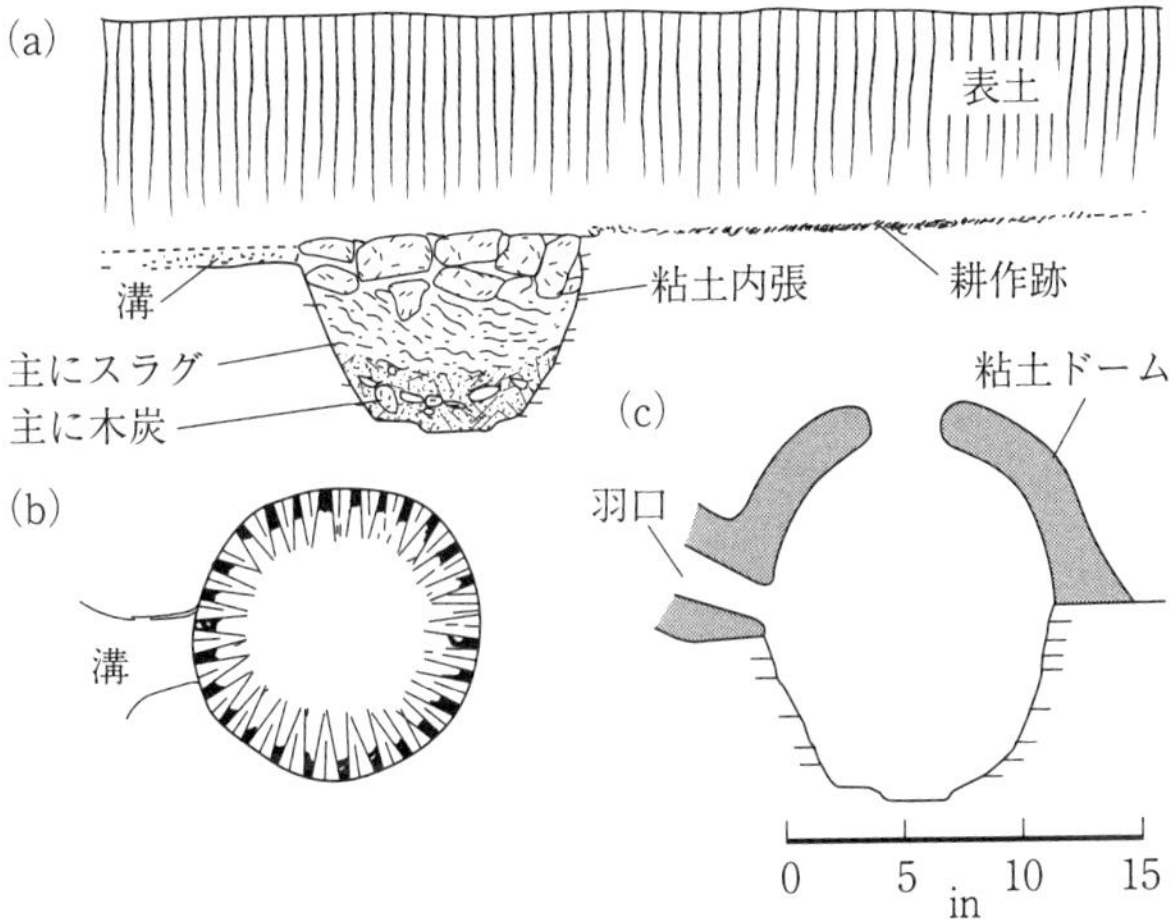

a）縦断面、b）横断面、c）想定される炉の構造

図 6-1　鉄器時代初期のボール炉

Tylecote『A History of Metallurgy』より一部改変

製品	場所	年代	C	Si	Mn	P	S	その他
尖った棒		ラ・テーヌ文化	0.44	—	0.1	0.04	0.012	
鋼塊	ジーゲルランド		0.23	—	Tr.	0.30	Tr.	
貨幣の棒	ノレイア		0.12	—	0.02	0.017	0.004	
棒	ライン・パルツ		—	0.24	0.04	0.37	0.025	21本平均
貨幣の棒	英国	ラ・テーヌ文化	Tr.	0.09	0	0.69	—	0.23Ni
			0.08	0.02	0	0.35	—	—
			0.02~0.8	0.2	0.05	0.35	0.014	0.05Ni
			0.06	0.11	Tr.	0.954	0.014	Tr.Ni
鋼塊	ウーケイ・ホール サマーセッツ	紀元前1世紀	0.74	0.61	0	0.15	—	
銑鉄塊	ヘンギストベリー、ハンツ	1世紀	3.49♯	0.38	Tr.	0.18	0.035	
銑鉄塊	ジーゲン		2.78♯	0.05	0	0.29	0	0.21Cu

表 6-1　鉄器時代初期の鉄棒と他の半製品の成分組成（%）

Tylecote『A History of Metallurgy 2nd Edition』より一部改変

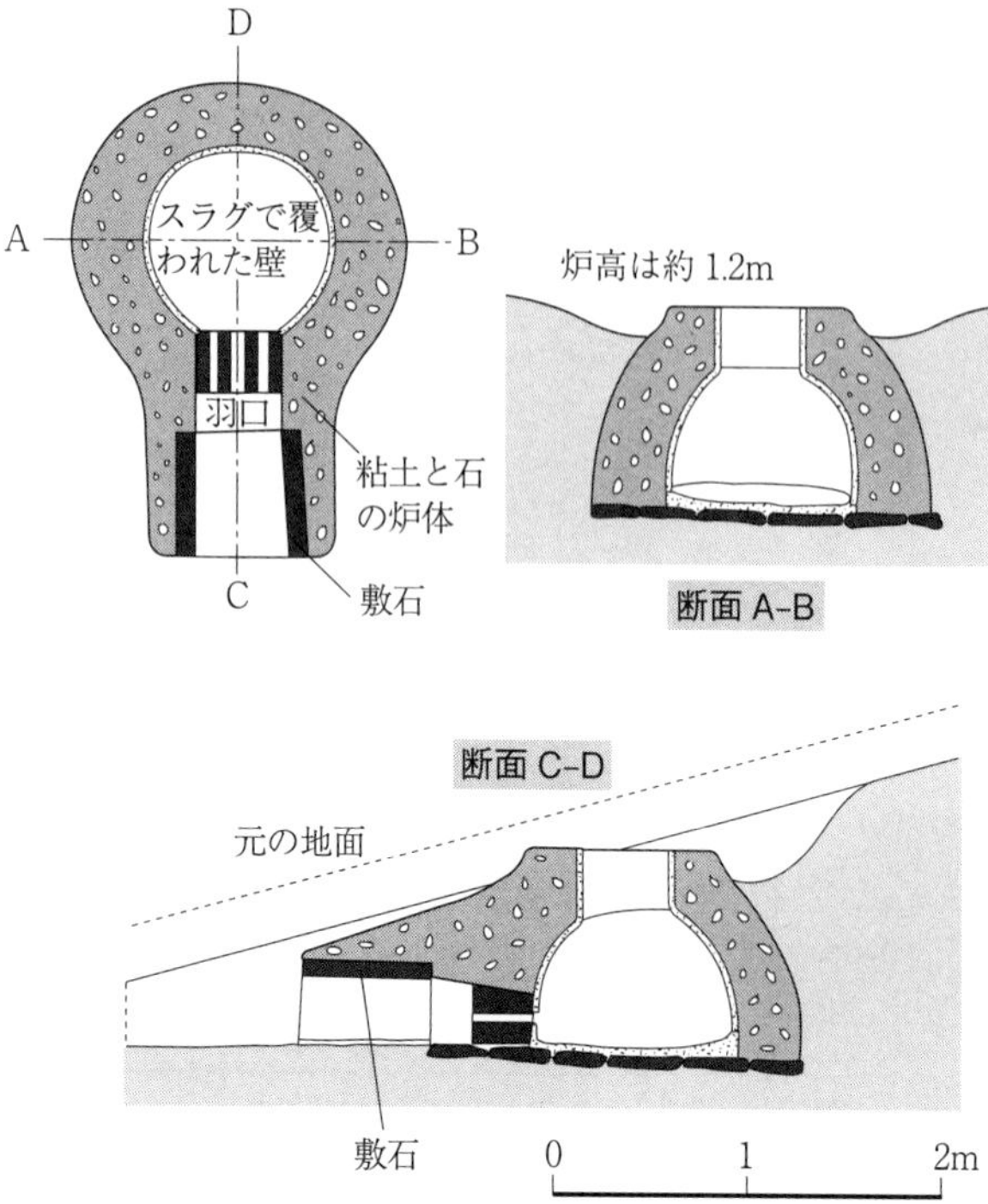

図 6-2　ローマ時代のドーム炉
Tylecote『A History of Metallurgy』より一部改変

たからである。

　スラグの主要組成はFeO-Fe_2O_3-SiO_2系で、FeOが48～55％、Fe_2O_3が10～25％、SiO_2が8～24％である。トルコのシルジ（Sirzi）から発掘されたスラグにはCaOとMnOがそれぞれ5・16％と7・18％含まれているのが特徴で、ともに鉄鉱石由来のものと思われる。いずれのスラグも鉄ができる組成よりFe_2O_3成分が多く含まれており、銅製錬スラグ組成に近いが、長い年月の間に酸化してFe_2O_3濃度が増加したと考えられる。表6－1に示すように、鉄製品の炭素濃度は低く焼入れができる濃度ではない。紀元前1100年の鉄剣では、炭素濃度が0〜0・8%と不均質で、Niは0・1%、シリコンは0・01%である。銑鉄塊は非常に硬く脆《もろ》いので鍛造して製品にすることが困難であったので捨てられていた。

　ヨーロッパに伝わった炉は次第に大きくなり、オーストリアのヒュッテンベルク(Hüttenberg)から出土したボール炉は、内径が1・3m、穴の深さが95㎝である。

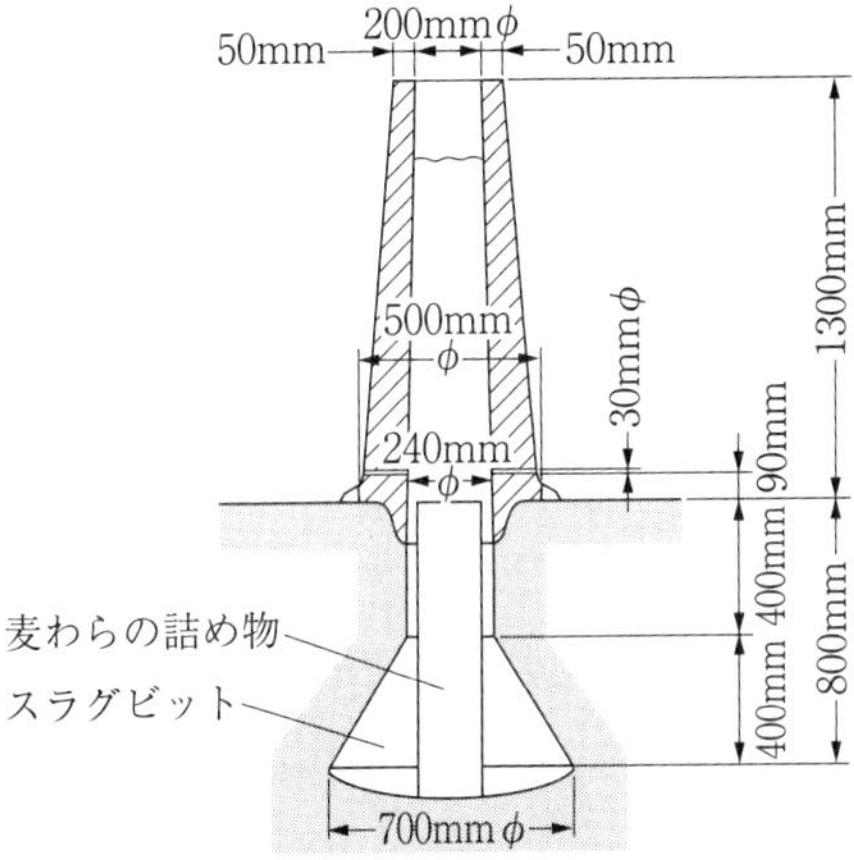

図6-3　ローマ時代のシャフト炉

Tylecote『A History of Metallurgy』より一部改変

　ボール炉はさらに椀を伏せた形の図6－2に示すドーム炉と、図6－3に示すシャフト炉(筒型の炉)に発展した。ドイツのエングスバッハタルから出土したドーム炉の炉底の内径は1m、炉高は1m程度である。送風は蛇腹型送風機による強制通風が行われたが、初期の頃は煙突効果による自然通風を利用しており排滓口がない。ハンガリーで発掘されたシャフト炉は約1mの高さがあり、上部が少し広がっている。平たい石でシャフト炉が作られており、スラグを流し出す穴はない。これらの炉ではルッペと呼ばれる低炭素濃度の鉄塊を作った。

紀元前の鉄器時代初期のボール炉とドーム炉、および紀元前27年に始まるローマ帝国時代のシャフト炉では、粒状の鉄鉱石を用い、その鉄分含有量は62〜64%で、品位は高く溶解性が良好であった。しかし、当時の歩留まりはせいぜい30〜40%程度であった。スラグは非常に不均一な組成のファイアライト系で鉄分に富み、操業はしばしば失敗したようである。製造された鉄は非常に軟らかく良質で鍛造しやすかった。

■ローマ時代の製鉄炉

紀元1世紀から4〜5世紀にかけ、ヨーロッパで使われていた炉はボール炉とシャフト炉である。ボール炉は炉高、直径ともにサイズが大きく、羽口も複数になり、排滓口を設けていた。鋼塊は炉の上部から取り出した。図6-3に示すシャフト炉は東イングランドで発掘された炉で、炉高1・3m、直径30cmで、送風は4本の羽口から鞴を用いて強制通風していた。炉底の下の地面にスラグを流し落とす穴が掘ってあり、麦わらが詰めてある。5〜10kgの鋼塊を生産していた。同時期のものでポーランドでは炉高1m、直径0・5mの炉がある。鉄鉱石は焙焼して、木炭とともに炉に装入した。鋼塊は炉の脇から取り出した。炉の状態によっては銑鉄も生成した。スラグはそのまま自然流出させていた。表6－2にローマ時代の鉄塊と鋳物の成分組成を示した。3〜5世紀の鉄塊中の炭素濃度は、ばらつきが大きいことが分かる。表6－3にローマ時代の製鉄スラグの組成を示した。FeOの多いファイアライト系スラグである。一方、中国の製鉄スラグは酸化鉄の含有量が少なく、銑鉄を製造していたことが分かる。

場所	年代	重量kg	C	Si	P	S	Mn
クランブルーク、ケント	1〜2世紀	0.71	1.16〜1.46	0.20	0.014〜0.025	0.03	—
ロワースレイター、グロス	3〜4世紀	11.0	0〜0.8	Tr.	0.0085	0.007	—
ナニーズクロフト、サセックス	4〜5世紀	0.30	0~1.6				
フォーウッド、サセックス		1.26	0~0.3				
ウィルダー、プール、ランクス	2世紀	—	3.23	1.05	0.76	0.49	0.403
テデントン、ワールー		0.57	3.52	1.92	0.77	0.049	0.63

注：英国で発見

表6-2　ローマ時代の鉄塊と鋳鉄の成分組成（%）
Tylecote『A History of Metallurgy 2nd Edition』より一部改変

中央アジアから東ヨーロッパに住んでいたアーリア人は、紀元前4000年から紀元前2000年頃、西に移動を始めた。アナトリアを征服したヒッタイトもアーリア人である。その後、ヒッタイト帝国が崩壊した後、一派は東に向かい、カスピ海北部を回ってアフガニスタンからヒンドゥークシ山脈を越えてインドに侵入し、インダス川上流のパンジャブ地方の先住民族を征服し定住した。彼らは鉄を知っており、製鉄法は紀元前800年頃

場所	FeO	Fe_2O_3	SiO_2	Al_2O_3	CaO	MgO	MnO	P_2O_5	S	その他
フランス、ヨーン	46.9	4.8	31.8	9.9	2.1	0.75	2.2	0.25	0.02	TiO_2,0.35
ボヘミア、プラハ	23.57	39.29	29.02	2.38	2.30	—	—	0.35	—	
ポーランド、N.スルピア	52.08	7.38	25.21	5.32	1.05	Tr.	1.84	0.15	0.04	Loss,5.20
オーストリア、ローリング	47.7	3.36	27.3	6.6	2.2	1.08	12.1	0.16	0.03	
英国、アシュビッケン	62.1	7.7	21.2	3.2	0.4	1.4	0.5	1.72	—	
英国、フォレスト オブ ディーン	40.5	13.2	27.5					0.24	Nil.	
デンマーク、ジュッツランド	41.2	3.6	22.7	1.0	1.4	1.13	16.8	2.20	—	AD300-500
ドイツ、パクツ	39.38	0.44	34.93	9.40	2.26	1.89	7.08	0.25	—	
ドイツ、アーヘン	65.42	5.18	17.19	4.95	2.73	1.68	2.17	1.00	0.22	
ドイツ、シャルムベック	54.3	16.9	18.9	2.1	1.1	1.3	0.39	1.30	0.10	K_2O,Na_2O
中国、常州、漢	3.74	—	53.74	12.14	22.7	2.52	0.63	—	0.114	

表 6-3　ローマ時代の製鉄スラグの成分組成（%）

Tylecote『A History of Metallurgy 2nd Edition』より一部改変

に伝わった。インドの鉄鉱石は褐鉄鉱で、塊状か土状で砕け易い。製鉄炉はシャフト炉で排滓口があり、ルッペを作っていた。

インドの製鉄技術はその後ほとんど変化しなかったが、紀元300年頃に仏教国のグプタ朝でデリーの鉄柱（錬鉄製、高さ7・2m、直径42cm、重量約7t）が建てられた。炭素濃度は0・08%、リン濃度は0・11%で低炭素鋼で作られている。大きな鋼の構造物は他にもダルの鉄柱やコナラクの寺院の梁などがあり、長さは10m以上ある。インド中部のデカン高原の山中では、さらにルツボにこの鋼塊と木を混合して入れ、蓋をして炉で24時間1300〜1470℃で加熱した。ルツボは風化した花崗岩の粘土に、10%の籾殻《もみがら》や炭素素材を混ぜて作ったものが用いられた。

年代	製品	C		他の成分			
		合計	黒鉛	Si	P	S	Mn
430±80BC		4.19	～0	0.055	0.08	0.014	0.011
110±80BC	ストーブ	4.32	～0	0.11	0.38	0.027	0.07
AD502		3.35	2.30	2.42	0.21	0.07	0.13
AD508		3.22	2.26	2.39	0.17	0.08	0.23
AD550		3.35	3.02	1.98	0.31	0.06	0.78
AD558		3.33	3.17	2.12	0.19	0.06	0.64
AD923		3.96	0.61	0.61	0.23	0.02	～0
AD1093		3.58	0.04	0.04	0.13	0.02	0.25
AD1550	牛の像	2.97	—	0.06	0.29	0.067	0.09

表 6-4　中国の鋳鉄の成分組成（%）

Tylecote『A History of Metallurgy 2nd Edition』より一部改変

溶解し炭素を吸収した鉄は1～1・6％炭素濃度の高炭素鋼として得られ、これを鍛造した。この鋼はウーツ鋼（ダマスカス鋼）と呼ばれた。この鋼は西に運ばれ、ダマスカス刀と呼ばれる鉄地に美しい渦巻き模様がある刀が作られた（口絵写真7）。

中国には製鉄法は紀元前600年頃に伝わり、銑鉄が作られ、鍬や鎌、鑿《のみ》などが鋳造で作られ、紀元前512年には鉄の大釜が鋳込まれた。一方、鋼はルツボ法で作られた。溶鉱炉は春秋時代初期に出現した。しかし、これで作った鋳鉄は質が悪く悪金と呼ばれ、農具に使われた。明時代には炉高は1・8～2・4mで、炉径は炉高の4分の3～8分の7のずんぐりした形の炉であった。炉底に複数の羽口があり、水車動力で冷風を送風した。羽口の長さは1・4m、外径は先端で28cmあった。19世紀の雲南の伝統的な高炉は3・3～3・7mの高さで、1日

図6-4　中国明時代の高炉と吹差鞴　『天工開物』より

に800kgの銑鉄を生産した。ヘマタイトとマグネタイト鉱石の混合粉が木炭とともに装荷された。

表6－4に示すように、紀元前の銑鉄はルツボ法で作られており、リン、硫黄、シリコンの濃度が低い白銑であった。白銑はそのままでは脆いが、熱処理で炭化鉄（Fe_3C）を分解し黒鉛化した黒心可鍛鋳鉄（割れにくい鋳鉄）で鋤《すき》やシャベルが鍛造で作られた。この時代から銑鉄を加熱して空気を吹き付けて脱炭し、鍛造で錬鉄が作られた。送風は水車動力を用いたピストン型の吹差鞴《ふきさしふいご》（箱鞴　図6－4）も使われた。これは皮袋やアコーデオン型の送風機より強力であった。鋼の刀の刃は焼入れで硬くした。紀元5世紀以降の銑鉄は不純物濃度が高く、炭素は黒鉛でねずみ鋳鉄（断面がねずみ色の鋳鉄。耐摩耗性がある）である。これは溶鉱炉で生産したことを示している。そして1078年以降は無煙炭を主要な燃料に用いた。

■中世の製鉄炉

⑴レン炉

16世紀になっても、高炉法はライン川の流域地方で行われていただけであった。広く普及していたのはレン炉、あるいはルッペ炉であった。アグリコラは図６－５の操業風景を示して次のように説明している。Ａがレン炉、Ｄがルッペである。レン炉は１・５ｍ角、高さ1ｍの石またはレンガで構築されており、その中央の底に粉炭を突き固めて作った直径45㎝、深さ30㎝の椀形の溶解炉床がある。羽口は炉底から30～50㎝のとこ

図6-5　15世紀レン炉ルッペ製造
Agricolaほか訳『De Re Metallica』より

ろに、一般に水平に取り付けられている。木炭の燃焼で炉を加熱した後、その上に層状に木炭と鉄鉱石を装入し、点火、送風した。鉱石が沈下したら、新たに鉱石と木炭の装入を繰り返し、全体で2樽の鉱石が装入された。水車の水の流れを調節する堰止めに連結した棒を動かして送風の加減をした。鉄棒で鉄塊を調べ、時々持ち上げてひっくり返した。操業の終わりにスラグ穴を開けてスラグを流出させ、最後に木炭を除去し、ルッペバサミでルッペをつかみ炉の上部から取り出した。木炭は長続きする強い活発な火を必要とするので、カシワ（オーク）、ブナ、ニレ、トネリコなど硬くて太い木を用いた。レン炉の炉床の直径と深さは、鉱石と木炭の品質と送風の強さによる。溶けやすい岩石、重い木炭、強い送風の時は容量を大きくした。

強く吹いて鉱石の溶解を速めると、還元された鉄が吸炭してルッペは銑鉄になる。弱火にするとルッペの鍛造性はよくなるが、鉱石の大部分が未還元のままスラグになり、歩留まりが悪くなる。この中間の最も有利なところを取るのが職人の技である。8～12時間操業で100～150kgのルッペを製造した。炉上部からルッペを取り出し、大きな木製のハンマーで表面を叩いてスラグを落とした。ベックはスラグの生成について次のように述べている。「鉄鉱石の大きな硬い塊は羽口前で還元しきらず、不完全な還元のまま炉底でスラグ化する。こうしたスラグは鉄分に富み粘性を持つ。また、鋼の吸炭を阻止し脱炭を促進する」

ルッペ炉では鉄の歩留まりは悪いが、品位の高い鉄鉱石を用いると歩留まりがよくなり、木炭の消費量も溶鉱炉より有利であった。また、レン炉の設備は簡単で建設費が少なく作業費がかからなかった。鞴用水車も高炉ほど強力なものは必要としなかった。したがって、レン炉の鉄の価格は溶鉱炉と精錬炉で作られる鉄（2回溶解鉄と呼ばれた）よりずっと安かった。

レン炉の操業では鉄鉱石中の脈石はケイ酸など酸性酸化物なので、媒溶剤に焼き石灰をハンマーや破砕機で砕いて鉱石によく混合して用いられた。石灰を用いないとレン炉の温度が低下し、作業時間が長くなるばかりでなく木炭消費量も非常に多くなった。これは石灰を用いないとスラグが粘くなり、スラグ中に鉄が分散してまとまらないためであろう。

レン炉は施工し易く、簡単に壊すことができたので、鉱石がたまたま露天掘りできるところや、森林の中に作られた。しかし、レン炉は溶解しにくく、品位の低い鉄鉱石を製錬することはできなかった。そこで、次第に炉の高さを増しシャフト炉に変化していった。これはシュトゥック炉と呼ばれ、高さは3m程度であり、炉中の還元帯により長く滞留させ、溶解帯でより高い温度に曝し、1日にルッペ1tと銑鉄300～350kgを製造した。羽口から炉の対面までの距離は1・3mあった。シュトゥック炉は15世紀にすでに存在しており、18世紀には高さが6mあった。16世紀頃、送風に水車動力を使うようになると、立地は谷間など水利の便が良い場所に設置された。

⑵シュトゥック炉

レン炉では品位の低い鉄鉱石からルッペを作ることはかなり困難であり、高い温度で加熱して脈石成分を溶解しスラグにする必要があった。このためにシャフト部（円筒部）を持つシュトゥック炉が使われ始めた。図6-6は16世紀のシュトゥック炉を用いた製鉄作業を示している。

人が大きく書かれているが、炉Aの高さは2・4mである。シャフトの断面は四角で焼成したレンガか切り出した砂岩造りである。下部にいくほど炉は狭まっている。この形はスウェーデンの農夫炉に似ている。炉

図6-6　16世紀のシュトゥック炉
Agricolaほか訳『De Re Metallica』より

内部はローム粘土を十分に塗り、炉床には粉炭とロームを2対1に混練したボタ（捨て石）を突き固める。炉下部の炉胸はロームまたは粘土石で塞がれている。スラグを出す時は鉄の槍で穴を開ける。炉胸はルッペを取り出すために取り壊され、再度塞がれて操業を続ける。羽口と鞴は炉下部の背面にある。

蛇腹型の鞴の高さは3・5～4・7mあり水車で動かした。炉の下には排水暗渠《あんきょ》があり、地面からの湿気を防いだ。暗渠は砕石あるいはレンガで作られ、その上を石の板で蓋をした。炉の前にある窪みには流れ出たスラグを溜めた。窪みの前にルッペがあり、そばにあるハンマーで叩いてスラグを落とした。図の左にある鏨《たがね》Bを水車で動かすハンマーの下に置いたルッペに当て切断した。笊《ざる》に入れているのが鉄鉱石で、その手前にあるのが木炭である。

シュトゥック炉には別の形がある。シュタイエルマルクのシュトゥック炉と呼ばれている。炉高は4・3m（14フィート）あった。炉下部は正方形で一辺の長さが60㎝、羽口から上に広がり中央で一辺1・2m角になる。そこから上部は断面が円形になり、炉頂の直径は30㎝である。炉の内部は耐火性のロームで内張りされている。炉下部にアーチが設けられており、その中に炉胸がある。炉胸には羽口があり、その左に出滓口がある。ルッペを引き出す時は鞴をはずして脇に片付け、炉胸を開け、水車動力により鎖をかけてルッペを引き出した。この炉は大きいもので

5・5m、小さいもので3～3・7mの高さがあった。生産性が小さい炉では6時間で120～130kgのルッペ1個を得た。日産約500kgである。粗鉄1に対し鉱石は3の割合（重量）であった。

これと同様の形をした炉にシュマルカンデンの炉がある。この炉はルッペを製造したが、必要とあれば銑鉄も製造した。ルッペ製造では羽口の位置は炉底から36cm上にあるが、銑鉄製造では6cm下げ、さらに羽口を炉内に突き出させないようにした。また、装入鉱石を少なくし、送風を強くした。スラグはなるべく出さないようにして銑鉄を覆い、脱炭を防いだ。

(3)シュトゥック炉の操業

シュトゥック炉の操業は、まず木炭を充填し点火して、羽口からの自然通風で火が全体に回るのを待つ。鞴で送風を開始し、破砕され焙焼された鉄鉱石を木炭と層状に装入する。低い炉ではあらかじめ混合して装入した。一定量の木炭を装入しながら鉱石は順次その量を増す。羽口下にスラグが溜まるので穴を開けて流出させ、流れ終わると粘土で塞ぐ。鉄が溜まるにつれその穴を次第に上げた。ファイアライト系スラグが脱炭に作用するように、鉄鉱石の装入率を多くした。

十分な鉄が炉床に溜まったら、ルッペを取り出す。鞴を除去し、炉胸壁の下部に鉄板をあてがって水で冷却を促進した。次に、羽口の周りから下部の炉胸壁の粘土石を取り除き、燃焼している木炭を取り出し水で消す。これは再び焙焼に利用した。さらに炉胸壁をもっと開くとスラグとともに銑鉄が流出し、水で冷却した。この銑鉄は精錬して可鍛性（鍛造に使える）の鉄にした。ルッペをスラグと炭から剝がして頑丈な棒で持ち上げ、柄に鎖を付けた火バサミで摑み、その鎖を水車の輪軸に結び付け水車を回してルッペを引き出した。ルッペはまだ熱いうちに、2人の労働者が鉈で真ん中のところまで切り、楔《くさび》で2つに割った。この間に炉を補修し、炉底に粉炭を突き固めて次の操業の準備をした。このルッペは鍛冶炉で加熱され、まず端の軟鉄を切り離し、加熱と鍛造を繰り返しながら12～20kg程度の小片に切り分けた。この間、ルッペに嚙み込んでいたスラグが搾り出される。ハンマーは450kgあり水車で動かした。加熱ごとに溶けた銑鉄が滴下するので、この屑銑を集めて精錬し、軟鉄にした。残った鉄は鋼で粗鋼として取引され、鎌や刀、道具に直接加工された。

■西洋の低炭素鋼ルッペと東洋の高炭素鋼塊

ヨーロッパでは炉高約1mのボール炉やドーム炉、シャフト炉およびレン炉で低炭素鋼のルッペを製造していた。一方、アジアに伝わった製鉄法はインドでルツボを用いた高炭素鋼のウーツ鋼、中国では銑鉄、そして我が国ではやはり炉高1・2mのたたら炉で、高炭素鋼の鉧《けら》と銑鉄の銑《ずく》を製造した。

ヨーロッパに伝わった製鉄法もアジアに伝わった製鉄法も、同じアナトリアにルーツを持ち炉高も約1mであるが、なぜ西洋と東洋で異なった炭素濃度の鉄を製造する方法に発展したのであろうか？

直径数㎜の小さい粒に砕いた鉄鉱石を還元して大きな鉄塊にするためには、溶解しスラグの中で互いに融着させる必要がある。15世紀の技術書の『デ・レ・メタリカ』の挿絵に描かれた鋼塊もかなりの大きさがあり、赤熱した鋼塊を鏨で小割りにした。第4章で述べたルッペ製造における鋼塊も、互いによく融着している。

純鉄の融点は1536℃であり低炭素濃度の鋼になるほど純鉄の融点に近くなる。しかし、木炭の燃焼熱では1350～1400℃程度しか得られない。よく融着した鋼塊を得るためには、還元した鉄に炭素を吸収させ融点を下げて一部あるいは全部が銑鉄になって溶融しなければならない。その場合は互いに融着しながら炉底に降下するが炭素濃度は高くなる。ルッペはどのようにして低炭素鋼になったのであろうか。

西洋のルッペ炉の羽口は第4章で述べたように、ジョウゴ状に外に開いた半円の穴が炉下部にあり、その奥に短い羽口がある。半円の穴の前に蛇腹型の送風機の出口の管を置き、送風機から勢いよく空気が吹き込まれる。このとき管の周りから空気が引き込まれる。羽口は密閉されておらず羽口から内部を観察すると、炭の間を溶けた銑鉄が滴《したた》っている。温度は1300℃程度なので、明らかに炭素濃度は2％以上である。ルッペ塊は羽口前の直下にできており、落ちてきた溶銑滴はルッペ塊に付着すると同時に脱炭される。原料は赤鉄鉱石（Fe_2O_3）なので還元し易く、高さ約1ｍの低い炉でも還元鉄は羽口上部で生成し、炭素を吸収して溶融し滴下する。銑鉄滴は羽口前で空気により表面が酸化されて発熱し、かつ脱炭が進行する。鉄塊の上に落ちて広がった溶融鉄は固着する。すなわち、銑鉄生成とそれに続く脱炭精錬を一つのプロセスで行っていることになる。

永田式たたら炉の場合でも、風を強く吹き込むと羽口前の温度が上がり、脱炭と同時に鉄の酸化が進んでルッペと同じ位の低炭素濃度の鋼塊ができ、収率も低くなる。送風量を絞り、温度を低めに操業することが炭素濃度の高い鋼塊を得る秘訣である。

第7章　溶鉱炉の発展

■レン炉から溶鉱炉へ

　ヨーロッパでは中世を通じて、製鉄技術は発展しなかった。溶鉱炉では銑鉄を製造しそれを精錬炉で脱炭しルッペ鉄にした。炉高の高い溶鉱炉は設備費がかかるので、建設費が安く直接低炭素鋼塊のルッペが作れる鋼塊製造炉（レン炉）が長く使われた。その究極的な形状はカタロニア炉で、19世紀までヨーロッパで広く使われた。レンガ製の炉の内法は30㎝角で、炉高は1m程度である。鋼塊は炉上部から取り出した。羽口は1本設置し鞴で強制通風した。また反対側の炉底に排滓口があった。

　赤鉄鉱石の主要な鉱床は大陸にある。硬い鉄鉱石を砕いて細かくするのはたいへんな作業である。また、あまり細かくすると炉内に目詰まりを起こし高温ガスが通らなくなる。そこで鉄鉱石の大きさは直径2㎝程度のクルミ大の大きさに揃えられた。鉄鉱石の還元は表面で起こるので、その径が大きくなると反応に時間がかかる。反応時間を長く取るために炉の高さは次第に高くなった。炉高が高くなると還元した鉄が炭素を吸収する時間が長くなり、銑鉄を生成する溶鉱炉になる。銑鉄は鋳造して大砲などが作られた。

溶鉱炉が発明された経緯について、ベックは『鉄の歴史』のなかで、鉄の鋳造の発明および銑鉄製造への移行の出発点は、鉄の製造に動力として水力を利用しだしたことであったと述べている。これは15世紀の初めであった。水車動力は初めルッペを鍛造するのに用いられたが、次に鞴を動かすのに使われた。鞴を使って通風を強めたところが、白銑の「湯」になった。白銑の「湯」は湯流れよく鋳造できたが、凝固したものをハンマーで叩くと粉々になった。さらに、炉床で通風して溶かすと、軟らかい可鍛性の鉄に変化した。ルッペは炭素濃度が不均質であったが、この可鍛鉄は均質であった。溶鉱炉が使われるようになってもルッペを作るレン炉やシュトゥック炉は設備投資が安価なので使われ続けた。

■初期の溶鉱炉

最初の溶鉱炉はスウェーデンのラピタンとビナリタンで発掘されたもので、１１５０～１３５０年頃のものである。炉高は２ｍ程度であるが、レン炉との違いは銑鉄をスラグとともに炉底から流し出したことである。操業では木炭／鉱石比を大きくしてより還元力の強い雰囲気を作って

場所	FeO	Fe_2O_3	SiO_2	Al_2O_3	CaO	MgO	MnO
ビナルヒタン	4.74	1.34	69.24	10.10	4.23	4.12	1.44
ラピタン	3.50	—	53.90	6.20	12.10	10.00	11.80

表7-1　初期(1150〜1350)のスウェーデンの木炭溶鉱炉スラグの組成(%)
Tylecote『A History of Metallurgy 2nd Edition』より一部改変

浸炭を促進させ、約1200℃で銑鉄を製造していた。表7-1にスラグの組成を示した。酸化鉄含有量は少なく石灰濃度が低いので、粘性は高く簡単には流出しない。当然、鉄との分離が悪く収率は低かった。鉱石に石灰石が混入している場合には自然流出した。その後、石灰石を加えるようになるが、塊状では溶解しにくいので細かく砕いて加えた。石灰石を滓化するには1300℃の温度が必要である。この温度はシュトゥック炉でも十分得ることができた。通風は水車動力による強制通風である。

ルッペの製造では送風を中断して製品を炉から取り出したが、溶けた銑鉄は絶えず送風を続けながら取り出せるという特長があった。シュトゥック炉は次第に銑鉄製造炉として使われるようになり、炉胸が密閉された。この炉は元々「送風する炉」(Blaseofen あるいはBlauofen)とも呼ばれていたが、銑鉄製造を目的にした炉に使われるようになり「溶鉱炉」あるいは「高炉」を意味するようになった。

図7-1には16世紀の木炭溶鉱炉を示した。炉床の溶解室を小さくし、羽口を低くして炉床から30cmの位置に設置した。また、炉下部を狭めた。これによって溶解室上部の温度が上がり、シ

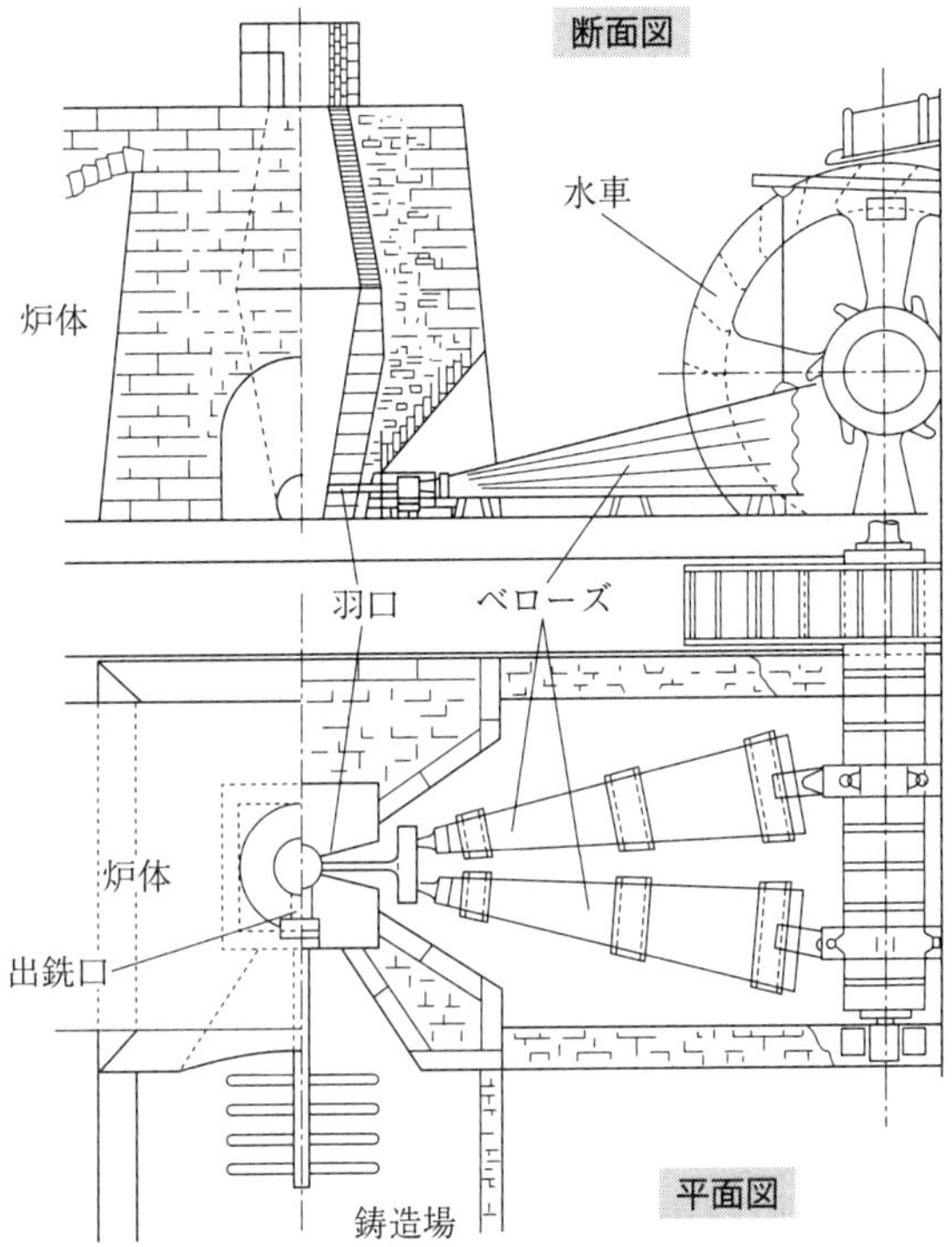

図 7-1　16世紀の木炭溶鉱炉
Tylecote『A History of Metallurgy』より

ュトゥック炉と比べて一層還元と吸炭が進むようになった。羽口は溶解室の銑鉄を酸化しないよう水平かあるいは少し上向きに設置し、かつ常に銑鉄がスラグで覆われるようにした。この方法の利点は、シュトゥック炉と比べ鉱石からの鉄歩留まりが非常によく、木炭の消費量が少なかった。温度が高いので酸化鉄は完全に鉄に還元され、スラグ中の酸化鉄濃度は格段に低くなった。

溶鉱炉は16世紀にはイベリア半島を除いて西ヨーロッパに広がり、鋳鉄製大砲が製造された。炉は高くなり、原料装入床は4・6mの高さにあった。木炭／鉱石比約1で操業し、酸化鉄濃度の低いスラグを排滓していた。鉄筋で補強した角形の石で作られており、内張りに砂岩を張っている。炉の内部形状は、初期の頃はシュトゥック炉と同様角形で、ドイツのジーゲルランドの高炉は外法4・5m角で内法は1・7m角である。炉上部のシャフト部は上部が狭まり、炉下部のボッシュ部の角度は次第に傾斜が急になった。炉底部は一辺が30cm以下の角形のルツボがあり、炉底から30cm上に羽口の穴1個と、底にタップホール（出銑口）1個が設置してある。直径約5cmの鉄製羽口1本から、水車動力による2台のアコーデオン型鞴（bellows）で強制通風した。2台の鞴は周期を半分ずらして一定の速度で動かしたので、風の速度は一定になった。水車は直径3m、幅30cmの1馬力程度の上かけで、毎分6回転して1・7～2・5m³の空気を送っていた。安定した連続送風を行うために大きな池を必要とした。炉寿命は約2ヵ月で、内張りを張り替えていた。また、生産性は6日間で4～5tであった。燃料比は約5であった。

溶鉱炉はシュトゥック炉より高く作らず、シュトゥック炉の形態を踏襲した。8m以上の溶鉱炉が作られたのは18世紀になってからであった。1650～1800年までの溶鉱炉の高さをそれに対する炉腹部（ボッシュ）の径で割った比は3・7でほぼ一定である。炉腹部の壁の角度は傾斜を小さくすることも試みられたが、経験的に80度である。この炉腹部の広がりは装入物が水平方向に押す力を緩和するためであり、下部の壁の傾斜が急過ぎると壁際を高温ガスが抜けるようになる。炉高４・３ｍ（14フィート）の溶鉱炉は、シュトゥック炉より少し太めであった。炉下部が90㎝角、炉中央の炉腹部で１・５ｍ角、炉上部装入口が直径60㎝である。溶鉱炉は、長さ１・２ｍ、幅１・２ｍ、厚さ46㎝のケイ石角礫岩の上に作られた。その下には十字形の暗渠が作られた。炉は砂岩で構築され、羽口側と出銑や出滓側に別々にアーチが設けられた。炉床に粉炭を突き固め、２枚の砂岩板で塞ぎ炉胸を閉じた。その上にローム粘土を塗り、２枚の砂岩の間に出銑口を設けた。

操業は、燃え易い軟らかい木炭を半分詰め、羽口から点火して鞴でゆっくり送風し、火がよく回ったら炉頂まで木炭を詰めた。大きな炭は羽口側に落ちるようにし、鉄鉱石は羽口の反対側に装入して炉の通風をよくした。鉱石は水洗し、焙焼し、木炭とともに装入したが、石灰石など特別な溶剤は使わず、様々な品種の鉄鉱石をブレンドしてスラグの量と成分を調整した。鉄鉱石は炉頂に置かれたジョウゴ状の板に入れ、予熱、焙焼した。３～４時間後木炭がいくらか沈下したら、鉄鉱石と木炭を装入し送風を開始する。炉の温度が上がるにつれ装入量を増す。装入は１時間に４回程度である。12～14時間後、出銑口を手槍棒で突き破って穴を開け銑鉄とスラグの溶融物を流し出し、粉炭と砂で作った炉前の丸い穴に流し込んだ。４回湯出しを行った後、凝固した

場所	製品	年代	C	Si	Mn	S	P	種類
リエージュ(ベルギー)	焼夷弾	1548	3.59	1.14	1.58	0.03	0.62	
ハウスティングス博物館(英国)	焼夷弾	1586	3.65	0.52	0.42	0.086	0.56	
	焼夷弾	1642	3.65	1.00	0.92	0.06	0.55	
	焼夷弾	1683	3.58	0.56	0.86	0.074	0.61	
	焼夷弾	1707	3.99	0.65	0.82	0.048	0.47	
ソーガス、マサチューセッツ(米国)	やかんの縁	c.1640	3.67	0.77	0.37	0.094	1.21	
	起重機の鉤	1600±60	3.70	0.74	1.15	0.05	0.72	鼠鋳鉄
クインシー、マサチューセッツ(米国)	かけら	1644〜7	3.59	1.73	0.51	0.04	0.85	鼠鋳鉄
シャープリープール(英国)	銑鉄	1652	3.9	0.49	0.05	0.068	0.31	
ダドン(英国)	銑鉄	1736~c.1866	4.3	0.65	0.10	0.023	0.124	まだら
ニブスウエイト(英国)	銑鉄	18世紀	3.73	0.85	0.05	0.029	0.11	

表7-2　17〜18世紀の銑鉄の成分組成(%)

Tylecote『A History of Metallurgy 2nd Edition』より一部改変

銑鉄を取り出して水冷した。急冷した銑鉄は割れ易くて穴が多くあり、精錬炉で脱炭精錬して鋼にし易かった。出銑は1・5〜2時間ごとに行い50〜120kgの銑鉄塊が得られた。

スラグの粘性は高く、鉄の鉤《かぎ》で引っ張り出していた。スラグを溶かすには約1300℃は必要であり、初期の溶鉱炉スラグはレン炉のスラグ程ではないが多量の鉄を含んでいた。鉄鉱石中のMnO成分はスラグを溶かし流出させる効果が大きい。スラグが詰まると湯出し口を大きく開け、引っ張り出した。スラグ中の酸化鉄濃度が数%に下がりスラグの粘性が上がったためである。

17〜18世紀になると炉高は6〜9mに

場所（英国地名）	年	FeO	Fe_2O_3	SiO_2	Al_2O_3	CaO	MgO	MnO	P_2O_5
シャープリープール（ワークス）	1652	2.7	Nil	49.3	11.4	22.8	12.0	0.84	Tr.
コーエドイセル（グウェント）	1651～	4.75	—	62.8	7.3	15.9	8.4	0.40	0.13
メルボルン（ダービー）	1725～1780 頃	—	2.6	41.6	22.7	14.1	14.2	3.01	0.023
ダドン（N. ランクス）	1736～1866	2.6	—	56.4	12.4	14.6	3.6	9.8	—
ローミル（ヨークス）	1761～?	16.2	—	57.8	18.6	0.7	—	—	—

表７-３　17～18 世紀の木炭溶鉱炉のスラグ組成（%）
Tylecote『A History of Metallurgy 2nd Edition』より一部改変

なる。イギリスのシャープリープールの炉は７・２ｍある。水車は大型化し、直径５～５・２ｍで毎分８回転、２馬力程度である。炉底のルツボは45㎝角、深さ１・１ｍで容量は銑鉄１ｔを受けることができ、24時間ごとに出銑していた。生産性は日産２～４ｔであった。表７－２にこの当時の銑鉄の成分組成を示した。不純物濃度が高く、ねずみ鋳鉄である。スラグ組成を表７－３に示す。中世の高炉と比べると酸化鉄成分濃度が低くなり石灰成分濃度が増加している。

中国では紀元初め漢の時代に銑鉄を作っていた。そして５世紀頃には石炭を使って銑鉄を製造していた。一方で鋼はインドから輸入していた。これは中国では木炭が不足しており、さらに鋼は木炭を燃料にして作った方が、石炭を燃料にして作った銑鉄を脱炭して作るより優れていたからである。紀元11世紀になると、ルツボでも銑鉄や鋼が生産されていた。インドより大きいルツボに12㎏の鉄鉱石と同量の無煙炭の粉および溶剤を入れ、蓋をして加熱炉に入れた。加熱炉には64個のルツボを置き、1・2tの無煙炭を燃焼し加熱した。1個のルツボでできる鋳鉄のインゴットは4・8〜6・6kgである。これはさらに精錬されて軟鉄や鋼にされた。年産12万5000t生産しておりこれはヨーロッパ全体の生産量に匹敵していた。中国では明時代（1368〜1644年）に技術が停滞した。

■産業革命時代の溶鉱炉

産業革命とは、小さな手工業的作業場に代わって機械設備を持った大工場で製品が作られることで、産業の技術的基盤が一変したことである。イギリスで1760年頃始まり1780年には欧州各国に波及したが、製鉄においては、1740年頃アブラハム・ダービーがコールブルックデール（イングランドのシュロップシャーにある村）で溶鉱炉にコークスだけを用いて銑鉄製造に成功したことから始まった。

コークスは石炭を蒸し焼きにして作る。1710〜1720年頃になるとイギリスでは木炭が枯渇し供給が困難になっていた。コークスは木炭より高温を得ることができるため、次第に生産性が上がっていった。さらに1750年に、彼は送風用の水車を回す水を揚水するためにニューコメンの蒸気機関を使った。当時、この蒸気機関は炭鉱の排水に使われていた。

送風は水車動力の蛇腹型送風機で行われていたが、１７６０年代の終わりにピストン式シリンダー型送風機が使われ始めた。４台のシリンダー型送風機を水車の軸に連結されたクランクによって動かした。これによって送風が強力になり、生産能力は上がり木炭溶鉱炉をはるかに凌いだ。１７７６年にワットの発明した蒸気機関が結合され、さらに溶鉱炉の生産能力は上がり、木炭溶鉱炉の２倍近くになった。この後、コークス高炉（溶鉱炉）が激増した。ワットの発明は水蒸気を冷却して水に戻す復水器（コンデンサー）を考案したことで、これにより効率が飛躍的に増加した。彼は１７６５年に蒸気機関を発明していたが、溶鉱炉への利用は10年遅れた。

送風を加熱して溶鉱炉の羽口から吹き込むと、銑鉄１ｔ当たりのコークス使用量が大きく減少する。この方法を発明したのがイギリスのＪ・Ｂ・ネールソンで、１８２８年のことである。彼は送風速度を上げるため空気を加熱膨張させて羽口に送り込んだところ、コークスの燃焼が強化されることに気が付いた。しかし、当時は冬季の寒い時期のほうが溶鉱炉の調子がよくなるため、空気は冷却して吹き込むのが常識であり、彼のアイデアは全く信用されなかった。彼は何とか実験を続け、１８２８年のクラウド製鉄所で実験を行い有利な成果を得た。翌年の結果は冷風で銑鉄１ｔ当たり約８ｔのコークス使用量が、１４９℃の加熱送風で２・５ｔ節約できた。

このように、溶鉱炉は、鉄鉱石やコークスの大きさを揃える整粒で炉内の通気性を確保する技術、コークスの利用による高温を得る技術、蒸気機関と連結したシリンダー送風機による強い送風、および熱風炉による加熱送風により生産性を大きく上げた。これらの技術によって、この時代に製鉄方法はその基本的技術を確立した。

その後、溶鉱炉は大型化していき、20世紀後半では炉の高さと容量を急速に大きくした。現在では高さ30m、炉の内容積は5000㎥以上と巨大になり、送風温度は1200℃になっている。生産量は1日に銑鉄約1万t、銑鉄1t製造に要する燃料はコークス換算で約550kgである。

第８章　精錬炉の発展

■精錬炉と加熱炉の発展

古代製鉄炉では直接、低炭素濃度の鋼塊のルッペが製造されたが、溶鉱炉で作る銑鉄は炭素の溶解量が多いため、脱炭して低炭素鋼のルッペ鉄にした。最初は脱炭と加熱を一つの炉で行っていたが、次第に脱炭を行う「精錬炉」と「加熱炉」に分かれた。ドイツ式は炉が一つで、フランス式は２つでワロン鍛冶といわれた。これらの炉は鍛造機とともに設置され、蛇腹型の送風機と鍛造機は水車動力で駆動した。炉が機能別に２つに分かれたのは効率が良いのと燃料が節約できることにあったが、16世紀以降は加熱炉には木炭より安価な石炭が使われた。石炭は硫黄を含むため、脱炭炉で使うと鋼に硫黄が不純物として溶け込み赤熱脆性《ぜいせい》の原因となるので、硫黄成分が非常に低い木炭を使った。赤熱脆性は９００℃前後で鋼が脆《もろ》くなる現象である。

錬鉄製造工場および加熱炉と精錬炉を図８－１に示した。精錬炉は銑鉄板で囲まれており、内

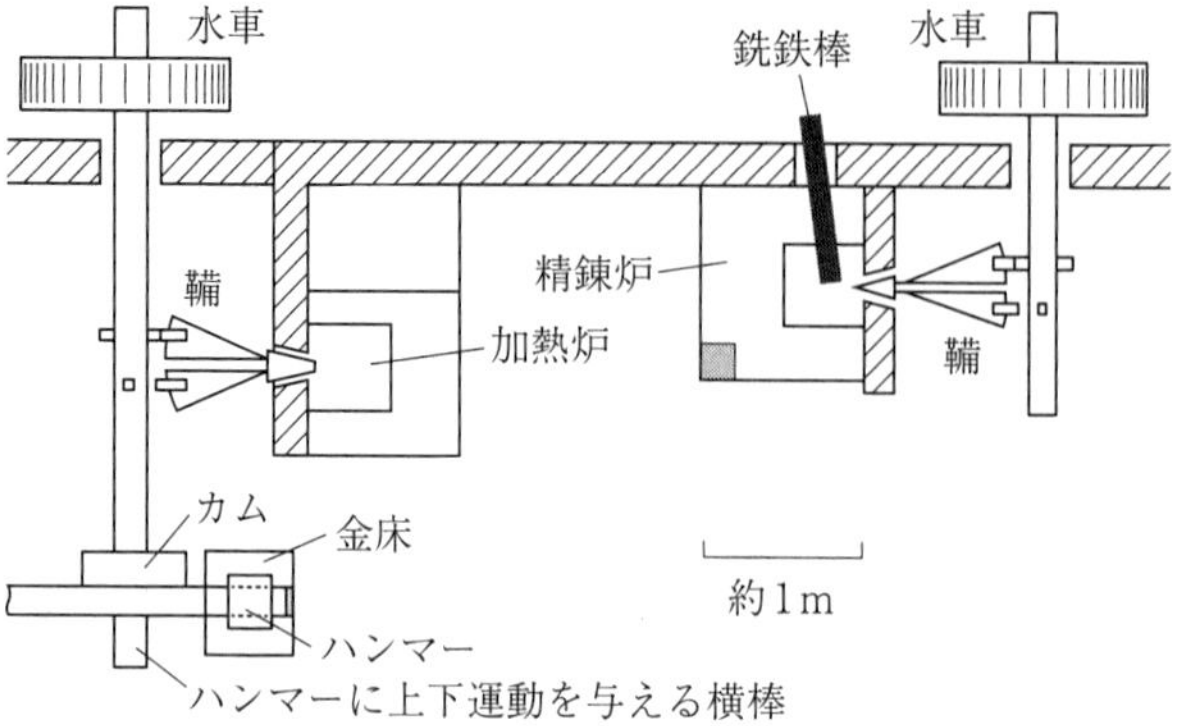

図 8-1　錬鉄製造工場

Tylecote『A History of Metallurgy』より

側を木炭粉を混ぜた粘土で内張りした。これは酸化鉄の多いスラグに対する耐食性がよいからである。羽口は底面が水平の半円形の銅管でできており、炉内に15cm出ていた。羽口は炉底から約30cmにあり、炉底と側壁の角に向けて傾斜させ炉底を加熱した。この位置と傾斜は技術者の経験で決められた。銅管は空冷で冷やされるが常に掃除する必要があった。

羽口前で木炭を燃焼すると、羽口前から上部は酸化雰囲気になり温度が上がった。そこに銑鉄や鋼の小片、あるいは銑鉄の棒の先端を装入しゆっくり加熱し溶解した。銑鉄は溶け、脱炭しながら炉底のスラグ溜めに滴下した。滴下に応じて銑鉄棒を少しずつ炉に装入し、木炭を常にいっぱいになるよう装荷した。このとき銑鉄中のシリコンが酸化し、鉄も一部酸化してファイアライト組成のスラグを生成し炉底に流れ落ちる。スラグ溜めには鍛造時に発生する酸化鉄くずや砂、時には鉄鉱石を炉に入れて溶解する。温度が上がり過ぎているときは水をかけた。時折炉床に鉄棒を差込み溜まっている鉄をまとめた。1時間程度の作業である。炭を燃えるままにしておくと鉄が半ば露出し、まもなく沸騰し始めた。鉄はふくらみ盛り上がるが、しばらくすると沸騰が収まり約半時間で静かになった。これは、スラグ中の酸化鉄と鋼塊中の炭素が反応して一酸化炭素ガスを発生していることを示している。

良質な鉄は1回の精錬で終わったが、一般には2回目の精錬を行った。炉底に沈んだ鉄塊を羽口前に押し上げ、鉄塊の下部に風を当てた。さらに炉底に散らばった鉄塊を溶着させた。この操作は7～8分で終わり、スラグはほとんどなくなる。2回目の精錬を行っているとき、次の精錬の銑鉄棒を予熱した。このようにしてルッぺ鉄を製造した。

炉底にできた鋼塊は取り出し、鍛造機でまとめ加熱炉でさらに加熱した。そして再び鍛造機で団子状に仕上げ、切り離して5～6個に切断した。加熱炉は精錬炉より大きく、加熱領域を大きくとってある。石炭を燃焼してできる羽口前の高温領域だけでなく天井や壁を加熱し、輻射熱でも亜鈴形の鋼塊を加熱した。1400～1450℃の温度が得られた。この作業は1～1時間半かかった。

鉄の酸化は主に精錬炉で起こり、鉄の歩留まりはドイツ式で23%、フランス式で約3分の1である。1630年頃のサウス・ヘルフォード鍛造場では1000kgの鉄の棒を作るのに1300

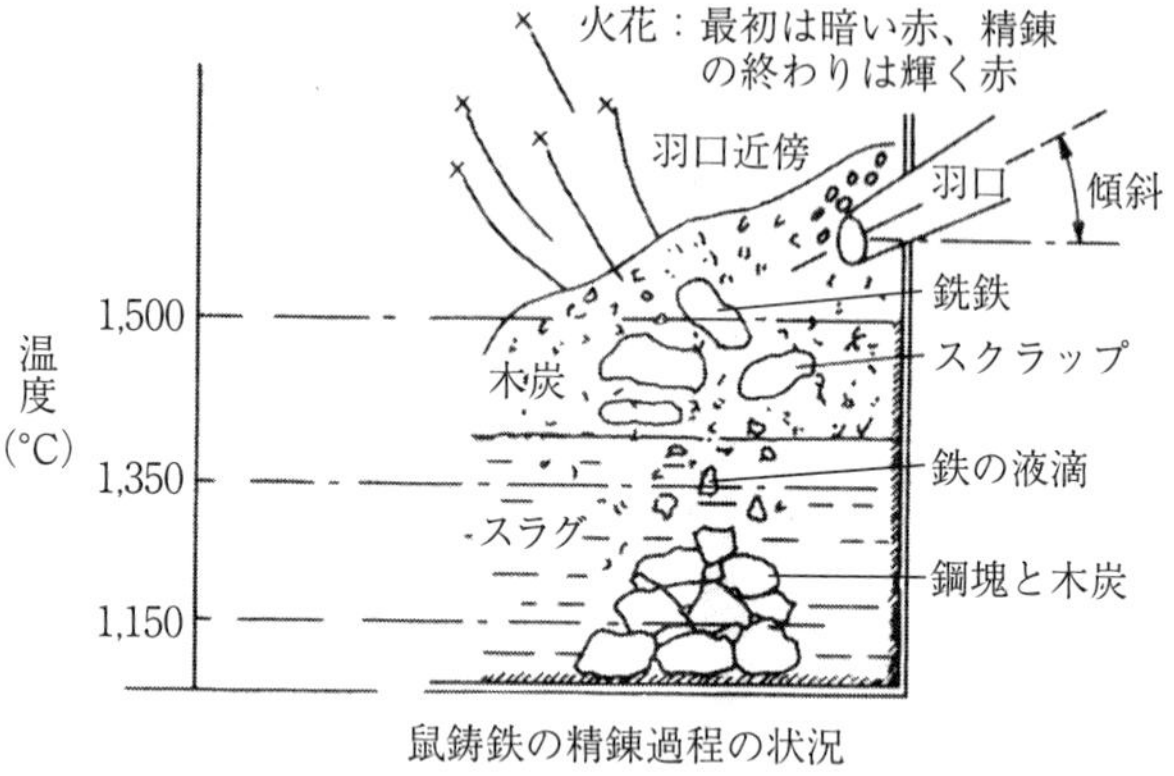

図 8-2　中世の精錬炉
Tylecote『A History of Metallurgy』より

kgの銑鉄を要した。

図8－2には精錬炉から出る炎の中に火花の記述がある。溶解の初期段階では暗い赤で精錬の終わりには輝く赤になるとある。これは「沸き花」である。したがって、精錬炉では銑鉄中の鉄を3分の1近く酸化してその反応熱で高温を得た。銑鉄の熱伝導度は鋼より小さいので、効率よく先端の温度を上げることができる。炭素濃度が低くなるにつれ融点が上がるので、銑鉄に空気を当てて温度を上げ溶解しながら脱炭した。しかし、火花が出過ぎることは鉄の酸化損失を多くする。そのため水をかけて温度を調節した。

■浸炭

コークスを使う溶鉱炉の技術は進歩したが、脱炭を行う精錬炉ではコークスは使えなかった。石炭に含まれる硫黄の半分は蒸し焼きにしてコークスを作る工程で除去できたが、残る半分は硫化鉄としてコークス中に残った。そのため精錬炉で石炭やコークスを使うと溶鉄に硫黄が容易に吸収され、赤熱脆性が起こる質の悪い鉄ができた。

鋼塊製造炉（レン炉）やパドル法で作られたルッペ鉄は炭素濃度が0・1〜0・3％程度で、それを材料に作った鍛鉄棒は軟らかく加工し易いが、焼きが入らず硬くできない。そこで18世紀の初めに炭素濃度を調整するための浸炭法が開発された。刃物の刃には塩と牛のひづめや角からなる浸炭材を塗り、鍛冶炉で長い時間をかけてゆっくり加熱した。それを水中に焼入れして硬くした。これにより鍛鉄棒の表面の炭素濃度は高くなり、焼入れができる浸炭鋼に変えることができた。

この場合、材料のルッペ鉄の性質が重要で、イギリスではスウェーデンの不純物の少ないダネモラ鉱石から鋼塊製造炉のワロン鍛冶法で作った鉄を輸入していた。その鍛鉄の平棒を木炭粉の中に埋め込み、石炭を焚いて900℃で6日6晩加熱した。温度が高すぎると鋼は割れ易くなるので、鋼の色が赤褐色程度になるように注意した。冷却には1週間かけてから取り出した。炉から取り出した鋼は表面に気泡がたくさんあり、ブリスター鋼（火ぶくれ鋼あるいは気泡鋼）と呼ばれた。

この浸炭法は、非常にコストがかかる上、材料の表面と中心に炭素濃度の差ができてしまい、均質な鋼ができなかった。浸炭した棒鋼を束ねて鍛接して適当な大きさにしたが、金属組織が層状になりスラグの噛み込みもあった。

■ルツボ鋼の製造

1740年にイギリスのシェフィールドの時計屋ベンジャミン・ハンツマンは、浸炭した錬鉄をルツボに入れて加熱し溶解するルツボ製鋼法を発明した。これにより均質な炭素濃度で鉱滓（スラグ）を含まない溶鋼ができるようになり、高品質なカミソリやナイフ、時計のバネ、時計の小部品を作った。

図8－3にルツボ炉を示す。図の中央上部にルツボを入れるレンガで囲んだ部屋があり、蓋がしてある。燃料にコークスを用いる場合は、それをルツボの周りに入れ、下から予熱した空気を吹き込んで燃焼しルツボを加熱する。高温を得るためにはよく締まった硬いコークスを使用する必要があり、鋼1tにつき1・5～3tのコークスを消費した。

19世紀には、ルツボ炉は蓄熱室で加熱したCOガスを加熱空気で燃焼する方法に発展し、効率が非常に上がった。石炭ガスを用いる場合は、コークスを燃焼させてCOガスを発生させた。石炭ガスを発生させる石炭は鋼1t当たり1～1・5tであり効率が良く、多くのルツボを用いて大量に鋼を溶解する場合には有利であるが、場所により温度を一様に保つことができない欠点があった。

ルツボは蓋付きで、その大きさは、10kgの鋼を溶解するもので直径15～18㎝、高さ23～25㎝あり、溶鋼はルツボの半分の高さまで入る。最大45kgまで溶解できるルツボがあった。ルツボの材質には2種類あり、耐火粘土を焼いて粉にした焼粉《やきこ》（シャモット。耐火粘土を焼き粉末にしたもの）に生粘土を25～50％と黒鉛を15～75％を混合して焼結したもので黒鉛ルツボと呼び、強度が高く、アメリカで使われた。もう一つは、焼粉に生粘土とコークス粉を加えて焼結したもので、白ルツボと呼ばれヨーロッパで使われた。

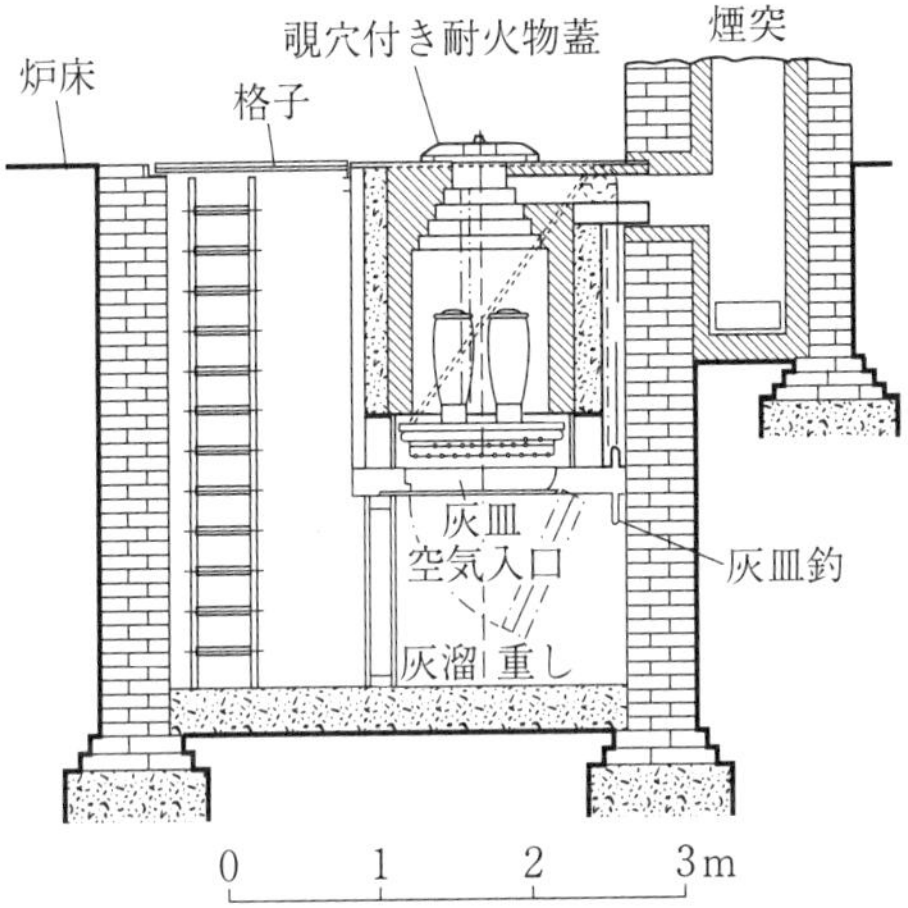

図 8-3　ルツボ鋼製造炉
Tylecote『A History of Metallurgy』より

　ルツボ鋼の利点は、合金成分が所定の濃度になるように装入する原料の割合を調整できることにある。これらの原料を小片に割り、秤量してルツボに詰め蓋をする。ルツボを炉に入れ加熱する。温度が上がり溶解するとルツボ内で沸騰し始める。時々ルツボ内に鉄棒を差込み、底まで入るかを確かめる。鉄棒に付着する鉱滓の色が薄く鋼粒が付着しなくなれば、鋼が充分溶解したことになる。その後、15〜30分間静置し、溶鋼が充分静止沈降し、鉱滓が浮上するのを待つ。溶解室上部の蓋を開け、ルツボを炉外に取り出し、鋳型に鋳込む。この一連の作業は3〜4時間かかった。大型の鋳塊を鋳込む場合は、複数のルツボで溶解した溶鋼を継ぎ足した。

ルツボ鋼の製造では蓋をするので、火炎に曝されることがなく、酸素や窒素などの有害なガス成分は溶解しないので、マンガンやシリコンで脱ガスをする必要がなかった。鋼中の炭素濃度は0・4〜1・5％で、普通0・8％以上である。その他、シリコンは0・4％以下、マンガンは0・2〜0・3％、リンは0・01〜0・03％、硫黄は0・03％以下である。しかしルツボ法は溶解に6時間かかり、かつルツボの容量が10kgと少なく人件費が高くつくので、製造コストが高く、武器やバネ用鋼など特殊な用途に使われた。それでも19世紀後半まで、ヨーロッパからロシアの国々で大規模鋳鋼品の標準製造法であった。

■パドル法

一方、反射炉は石炭を燃焼させて炉のアーチ型天井を加熱し輻射熱で加熱する方法である。これは鉄が石炭と直接接触しないので硫黄吸収の問題は起こらない。溶鉱炉からの直接鋳造に比

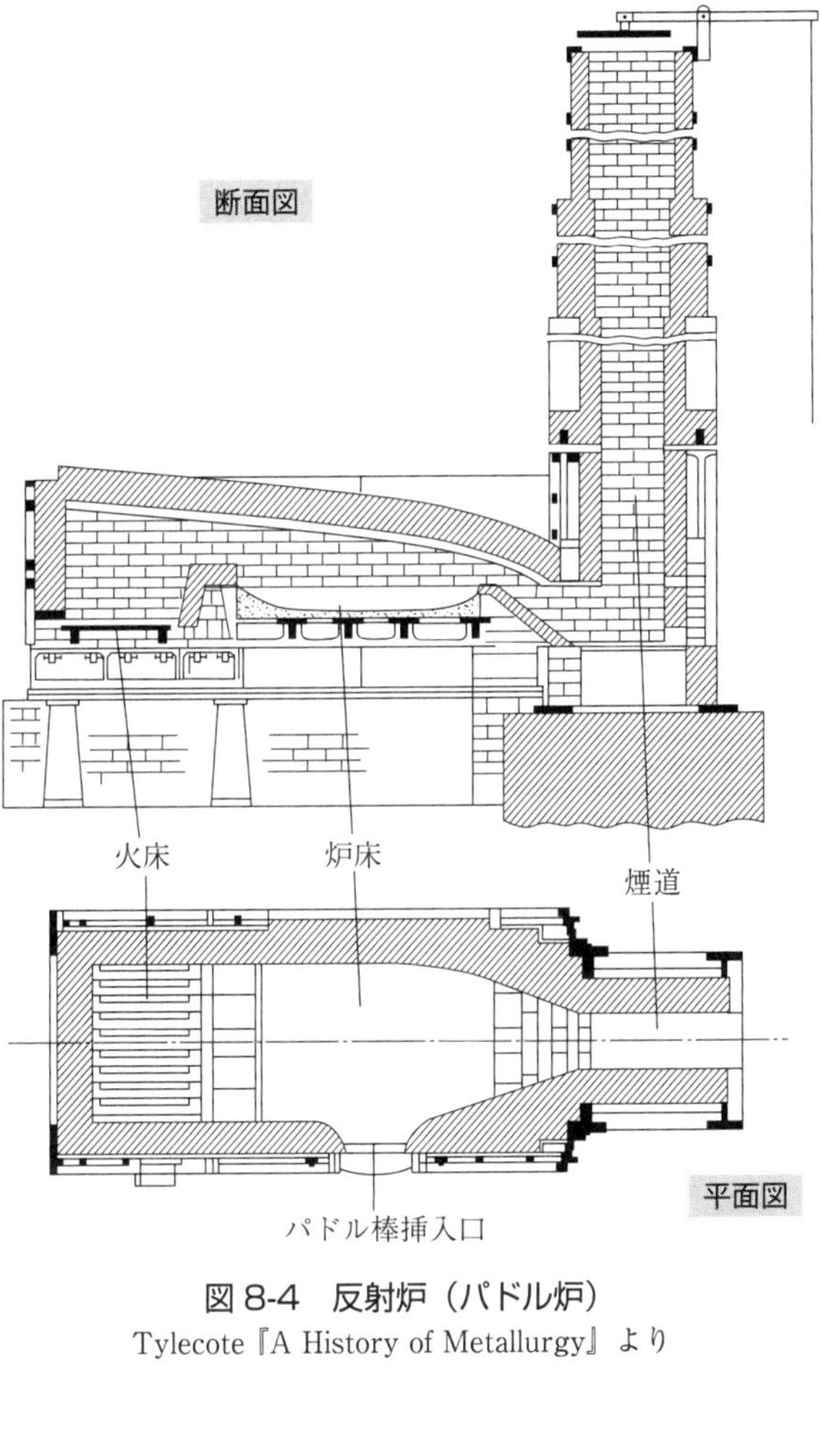

図 8-4　反射炉（パドル炉）
Tylecote『A History of Metallurgy』より

べ、反射炉で銑鉄を再溶解すると鉄の品質が良くなり、大型の鋳物を製作することができた。反射炉は隙間から空気が流入し最後にはスカル鉄と呼ぶ殻ができた。これはほとんど脱炭した可鍛鉄であった。

イギリスのヘンリー・コートは反射炉で銑鉄が脱炭される現象に注目し、1784年に「パドル法」を発明した。この方法は、図8-4に示すように、石炭を燃料とする反射炉で、炉床で銑鉄を溶解し鉄の棒（パドル）を使って人力で捏《こ》ね回《まわ》す。この操作で溶融銑鉄と炎中の空気で酸化し生成した酸化鉄を多く含む溶融スラグを十分接触させる。すると溶融銑鉄は溶融スラグ中の酸化鉄と反応して、COガスを発生して沸騰し泡立ち始める。さらに捏ね回し続けると脱炭が進行し、融点が上がって鉄は流動性を失う。そこで鉄を適当な大きさに丸めて取り出し、続いて別の反射炉で白熱するまで加熱した後ハンマーで角棒にする。すぐに孔型ロールで圧延して噛み込んだスラグを搾り出し、鉄の結晶を繊維状に延ばす。このパドル法は木炭を使わずにコークスで精錬できる方法で、製鉄は初めて木炭から解放され、可鍛鉄の大量生産を可能にした。

このようにすばらしい発明を行ったコートであったが、共同出資者の公金横領の責任を取らされて全ての特許権を失った。イギリスの製鉄業者は彼の特許を自由に使い莫大な利益を得た。

第9章　鋼の時代

■製鉄の革命——転炉製鋼法の発明

1851年のロンドン万国博覧会に、アルフレッド・クルップはルツボ鋼で今まで誰も見たことのない大きな均質な鋳鋼塊を作って出品し、錬鉄か鋳鉄でしかできなかった鉄道の車軸や砲身などの用途に利用できることを示した。しかし、ルツボ鋼は高価で貴重な材料であった。溶鋼を大量に安く作ることはできないか、人力に頼る生産性の低いパドル法の改良や海綿鉄を作る方法が試されたが、いずれもこの難題を解決するものではなかった。

この問題を解決したのがイギリスのヘンリー・ベッセマーである。彼は様々な発明を行っていたが、ルツボ鋼を発明したハンツマンと同様冶金技術者ではなかった。1854年のクリミヤ戦争中に、兵器に用いるより良い材料を製造する研究を始めた。溶融銑鉄に空気を吹込んで銑鉄を可鍛鉄にするという着想を基に実験を重ねた。彼は、反射炉内の溶鋼に空気を吹き付けて温度を

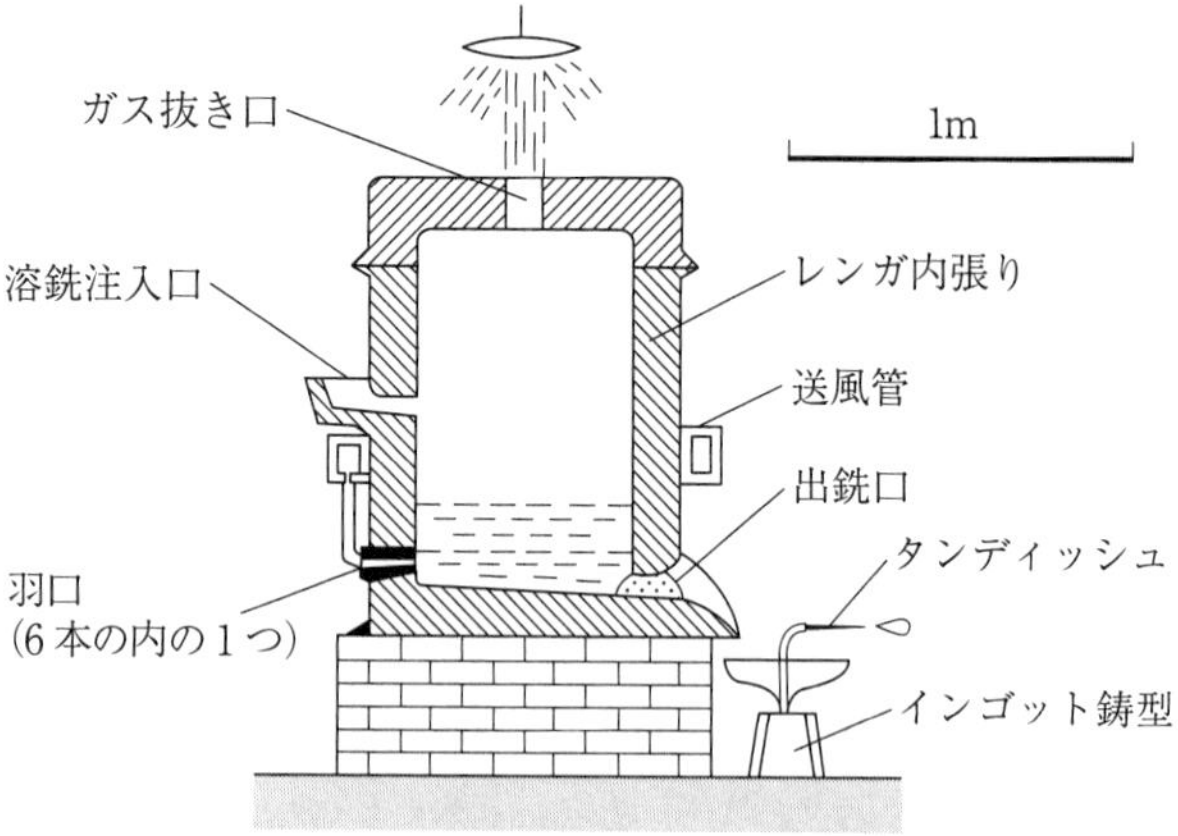

図 9-1　最初のベッセマー炉

空気を吹き込んで脱炭すると、同時に高温になり溶鋼を製造できた。しかし、酸素が溶解し、凝固時にCO気泡が発生した。そこで高炭素フェロマンガンで脱炭した。

Tylecote『A History of Metallurgy』より

上げる実験を行い、脱炭が起こることに気がついた。これはもちろんパドル法の原理ではあるが、冶金の専門家でなかった彼はそこに新しいヒントを得て、加熱したルツボ中で溶解した鋼の中に空気を吹き込んだ。

1856年には図9-1に示す固定式の炉を用いて、外からの加熱なしで同様な実験を行った。反射炉で溶解した350kgの銑鉄に炉下部の羽口から空気を吹き込んだ。激しい反応が起こって、湯は激しく沸騰し高温の炎と褐色の煙が発生した。彼はこれが炭素の燃焼熱や銑鉄中の不純物の酸化熱とは考えなかった。幸いにも10分後湯の沸騰と炎は収まったので、空気を止めて溶鋼をインゴットの鋳型に流し込んだ。彼は低炭素鋼の製造に成功したのだ。さっそくその結果を、1856年8月11日チェルトナムの大英科学振興協会の総会で発表した。反響は大きかったが、その後は酷評された。

ベッセマー鋼には問題があった。鋼塊に多くの気泡が残り、溶鋼が過酸化状態になることである。温度の上昇は炭素の燃焼と鉄の酸化熱によっており、脱炭が進行すると酸素が溶解する。凝固時に溶解した酸素と残っている炭素が反応してCOガス気泡が発生し、気泡の多い鋼ができた。

この問題はロバート・マシェットが解決した。彼はルツボ鋼の研究で、1860年にタングステン高速度鋼を発明した。彼は当時、伝統的な錬鉄ではなくスウェーデン鋼と木炭および酸化マンガンからルツボ鋼を作る研究をしていた。1848年に彼は8・5％のマンガンと5・25％の炭素を含むシュピーゲル鉄（Spiegeleisen、鏡銑《かがみせん》と呼ばれる銑鉄）を12t購入していた。彼は、還元状態のマンガン（MnあるいはMn_3C）が脱酸剤になることを認識していた。さっそく、ベッセマー鋼にこれを使い問題を解決し特許を取得した。しかし、シュピーゲル鉄は銑鉄であり、これを溶鋼に添加すると炭素濃度が上がる復炭が起こる。この技術がベッセマーとの間に特許論争を生んだ。その後フェロマンガン合金（鉄とマンガンの合金）が作られて復炭の問題は解決した。

ベッセマー鋼にはもう一つ問題があった。リンや硫黄濃度の高い銑鉄を使うと脆い鋼ができた。ヨーロッパの鉄鉱石は一般にリン酸濃度が高く、また溶鉱炉ではコークスを使って銑鉄を製造したので、銑鉄中のリンや硫黄濃度は高かった。これをパドル法で脱炭すると反応はFeO濃度の高いスラグと混合し攪拌しながら進行させるので、酸素分圧が高く操業温度が低かった。したがって、リンはリン酸鉄としてスラグ中に吸収され、錬鉄にはリンは吸収されなかった。結局、錬鉄では脆性を生じるリンの問題は起きなかった。

ベッセマーの転炉法はスウェーデンでも行われた。最初はうまく行かなかったが送風圧を下げて風量を増したところ成功した。溶鋼の量が多いことと空気との接触と攪拌がうまくいったためである。また、これにはベッセマー銑と呼ぶリン濃度が低い銑鉄が使われた。その成分は、シリコンは酸化して熱源になるので0・6~2%を含むが、リンは0・05%以下が必要である。マンガンは0・5~2%である。これを作るリン濃度の低い鉄鉱石はイギリスでは限られていた。したがって、イギリスではパドル法が19世紀の終わりまで使われ続けた。

ベッセマー転炉で銑鉄中のリンが除去できないのは、炉の内張りにケイ酸質の酸性耐火物を使っていたためである。この問題を解決したのはシドニー・ギルクリスト・トーマスである。ベッセマー転炉が発明された当時、すでに石灰系の塩基性レンガや内張りでリン酸（P_2O_5）を除去できることは分かっていたが、塩基性スラグはシリカを主成分とする酸性耐火物を侵食し、また、塩基性耐火物自身が脆弱であった。彼はドロマイト（$CaCO_3$・$MgCO_3$）に無水タールを混ぜ、これを内張りに使用した。さらにこれをレンガに成形し、焼成して塩基性耐火物を得た。従兄弟のパーシー・C・ギルクリストが実験に協力し、1878年にベッセマー転炉に塩基性レンガと内張りを用いて、溶鋼の脱リンに成功した。

トーマス法では溶銑中のリンの酸化熱が熱源になるので、リン濃度は1・8～2・5%と高いものを用いた。シリコンは0・5%以下、マンガンを1～2%含んでいた。表9-1にはベッセマー銑とトーマス銑およびそれらを吹錬して得た鋼の成分組成の一例を示す。トーマス転炉では、脱リンと脱硫が効果的に起こっていることが分かる。塩基性耐火物は次に述べる平炉にも使われた。

ベッセマー転炉やトーマス転炉はその後、図9-2に示すように羽口を炉底に複数本設置し、炉体は西洋梨形になり傾動させる方式になった。1910年頃の炉の大きさは、内容積で深さ4・6m、内径2・3mで、溶銑容量の10倍の大きさである。銑鉄を5～20t処理できた。送風圧は1・4～2・5気圧であった。操業は、最初、炉を横倒しにして溶銑を流し込み、送風を開始してから炉を立てた。最初激しく発生した炎が10～20分で小さくなり鎮静してくると、溶鋼中の

転炉別	鉄種	C	Si	Mn	S	P
ベッセマー転炉（酸性）	銑鉄	3.0	1.8	0.7	0.06	0.06
	鋼	0.06	0.03	0.06	0.063	0.063
トーマス転炉（塩基性）	銑鉄	3.35	0.448	0.85	0.18	2.01
	鋼	0.02	0.13	0.23	0.057	0.066

表9-1　ベッセマー銑とトーマス銑 およびそれらの鋼の成分組成（%）

Tylecote『A History of Metallurgy 2nd Edition』より一部改変

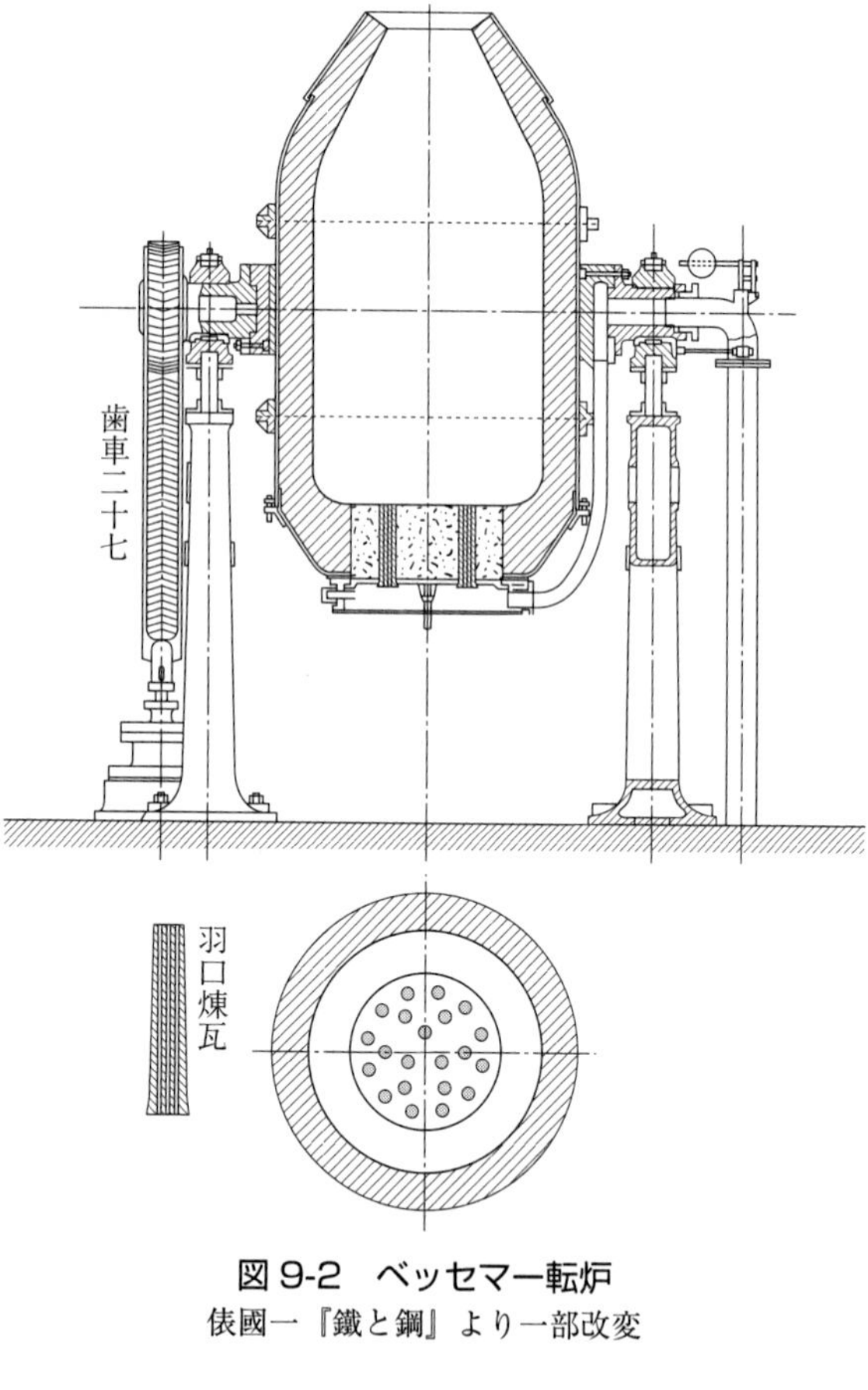

図 9-2 ベッセマー転炉
俵國一『鐵と鋼』より一部改変

炭素濃度は０・１％程度に減少した。炉を横転させ、送風を止めて、脱酸剤のフェロマンガンを投入した。職長は絶えず炎の色を観察して炭素濃度を推定し、所定の値で操業を止めた。あるいは、吹錬後、溶鋼内に予熱した鉄棒を入れ、少量の鋼粒や鉱滓を採取し、鋼粒が軟らかく鉱滓の色が黒く平滑でないときは鋼中炭素がほとんどなくなったと判断した。

トーマス法では、まず銑鉄を炉に入れる前に生石灰を1割程入れた。炎が鎮静した吹錬後も3〜4分間後吹きし、溶鋼中の残留リンを酸化除去した。鉄鋼中のリン濃度の判定は次のように行われた。吹止め後、柄杓《ひしゃく》で溶鋼を汲み取り、小円盤塊に鋳造し平らに叩き、焼入れする。中央で割り、破面に細長い粒が現れている場合はリン分が残っており、細かい粒状の場合はリン分がなくなっていると判断した。また、トーマス法でできる鉱滓にはリン酸が15〜25％含まれているので、復リンに注意して、溶鋼との接触を短くしなければならない。一方、鉱滓は肥料に用いられた。

ベッセマー法は炭素の多い硬鋼の製造に適しており、レールや工具、鉄道用鋼材、バネに用いられた。トーマス法ではリンを除去するために低炭素の軟鋼の製造に適しており、鍛錬や鍛接が容易で、針金、薄板、鍛錬材に用いられた。ベッセマー法とトーマス法は、燃料が不要で、かつ20分という短時間で溶鋼が得られるので、多量に安価な鋼材を供給した（口絵11）。

■平炉製鋼法の発明

1856年にフリードリッヒ・ジーメンスは蓄熱法による高温加熱炉を開発した。この年にはベッセマー転炉の発表がなされている。蓄熱室の原理は1816年にスターリングが特許を出している。この蓄熱法では、石炭の燃焼ガスで反射炉を加熱し、その排ガスの余熱でレンガ格子の蓄熱室を加熱する。次に加熱した蓄熱室に空気を流して予熱し、石炭を燃焼させて反射炉を加熱する。その排ガスの余熱でもう一つの蓄熱室を加熱する。これを交互に切り替えて反射炉の温度を上げる。この蓄熱法は空気を予熱するだけであったが、次に石炭ガス発生炉が開発され、予熱したガスと空気を反射炉の入口で燃焼させることにより、さらに高い温度を得ることができた。

フリードリッヒ・ジーメンスはこの蓄熱法を使って、ガラス溶解炉とルツボ鋼溶解炉を建設した。兄のウィリアム・ジーメンスはこの蓄熱法による反射炉で鋼の溶解を試みたが、耐火物の損傷などでうまくいかなかった。彼は、フランスのピエール・マルチンに蓄熱法を技術指導し、マルチンは1864年についに成功した。これはジーメンス・マルチン法（平炉法）と呼ばれた。

成功した理由は、予熱した石炭ガスと空気を燃焼させて発生した高温ガスを炉床の溶鋼に向け、天井に直接当てないで耐火物を保護した。銑鉄を溶解して湯を作り、そこに鍛鉄、粗鋼、旋盤屑、切り屑を溶かし込む方法で、必要量を出鋼した後、常に溶鋼を一部残しておきそこに製鋼原料を溶解させた。また、酸化鉄の少ないスラグを表面に浮かせ空気を含む高温ガスを直接湯に

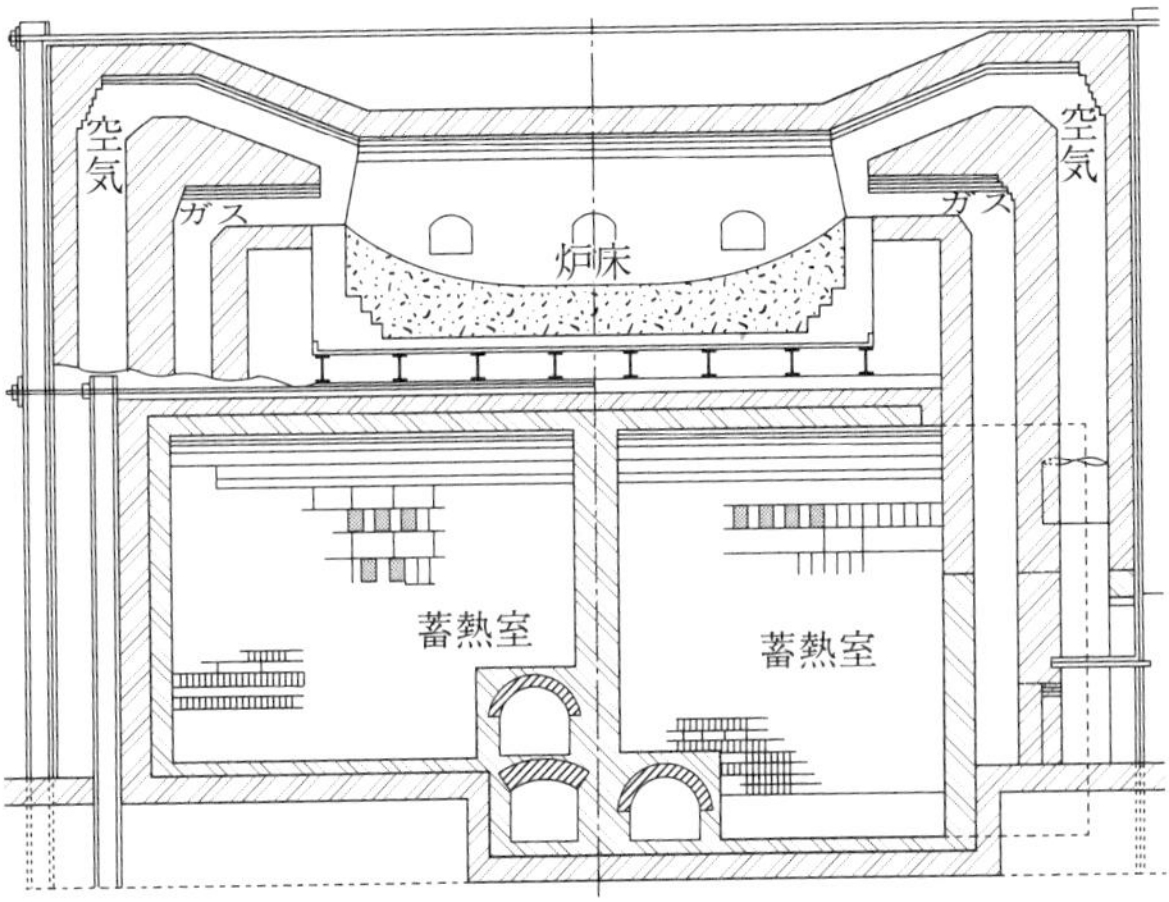

図9-3　平炉
俵國一『鐵と鋼』より一部改変

当てないで鉄の酸化を防ぎ、さらにシュピーゲル鉄（マンガンを含む銑鉄）を溶解して脱酸を行った。図9－3に平炉の側面断面図を示す。

平炉法は内張りに塩基性耐火物を用いてから脱リンが可能となり、また銑鉄と屑鉄を原料にできた。しかし、脱リンを十分に行うため脱炭が進み低炭素鋼になるので、シュピーゲル鉄など銑鉄を溶解して炭素濃度を調整するとスラグからの復リンが起きた。平炉の製鋼原料の銑鉄の成分組成はベッセマー銑とトーマス銑の中間で、リン濃度は1・5％以下が用いられた。1910年当時、炉の容量は最大50t程度であった。3～4時間で溶解し歩留まりは90％以上であった。鋼1tに対し、ガス発生用の石炭を300～500kg消費した。

俵は『鐵と鋼』で、1910年当時のベッセマー転炉、トーマス転炉および平炉の設備費用、製造コスト、品質等を比較し、大量生産には平炉が適していると指摘している。高級鋼の製造には、高品質の製鋼原料を用いる酸性耐火物を内張りに用いた酸性平炉が適している。塩基性耐火物を用いた平炉は、リン等を含む廉価な製鋼原料を用いて各種の建築鋼材、鋼板、鍛錬用材など汎用品を製造でき、将来最も広く用いられる運命にあるとしている。結局、平炉は20世紀中頃まで主要な精錬炉として使われた。それは、原料の銑鉄と屑鉄さらに鉄鉱石の配合割合に柔軟性があり、さらに溶鋼を炉内に比較的長く静置できたので、非常に質の均一な特に軟らかい製品を作ることができたからである。

19世紀は、ヨーロッパで錬鉄から溶鋼へと大きな技術革新が起こった時代である。

■鋼の大量生産時代

20世紀前半は2度の大戦で、鉄の需要の大半は兵器であった。第二次大戦後の20世紀後半は世界の経済が急速に拡大し、鉄鋼の需要も飛躍的に増大した。

鉄鋼の需要の増大に対応するために、溶鉱炉（高炉）は大型化した。高炉の解体調査によって綿密な研究が行われ、炉の大型化に大きく貢献した。一方、原料の調達は戦前までは国家の安全保障の観点から自国で行われたが、戦後はオーストラリアや南米から巨大な船舶で大量に運送した。我が国は火山国なので日本列島には巨大な船舶が接岸できる深い港があり、臨海製鉄所が建設された。これは我が国独特の展開である。

大量生産で最初に問題となったのが、鋼を凝固させる造塊工程であった。溶けた鋼を大きな塊にする工程である。溶鋼を大きな鋳型に鋳込み、大きな鋼塊を均熱炉で再加熱して圧延工程で鋼板にしていた。1920年代にはアメリカで連続的に広幅帯鋼を圧延できるストリップミルが発明されていたが、鋼塊を得る造塊工程の生産性が遅いことが問題であった。そこで、溶鋼を連続的に凝固して板を作る技術が開発された。

すでに1850年代にベッセマーは2つのロールの間に溶鋼を流し込み、連続的に鋳造するアイデアを特許にしていた。1930年代までには真鍮《しんちゅう》とアルミニウムで工業化されていたが、鋼では高融点、低熱伝導度、静鉄圧が大きいため困難であった。往復運動をする水冷鋳型と鋳型潤滑剤（モールド・フラックス）の開発で、1949年に実用化された。我が国には1955年に設備が導入され、現在、連続鋳造機で作る鋼板は99%以上になっている。

連続鋳造機による鋼板製造の生産効率が上がると、次に問題になったのは精錬工程であった。平炉の技術は向上し1工程は2時間程度にまで短縮されていたが、それでもネックになっていた。ここで再び反応が数十分で終わる転炉の技術が注目された。

トーマス転炉は底から空気を吹き込むため、鋼中の窒素濃度が高くなる欠点があった。189

5年に空気の液化装置が開発され酸素ガスを廉価に分離できるようになっていた。しかし、酸素ガスを転炉の底から吹き込むと高温でレンガが溶損するので、純酸素ガスだけを吹き込むことはできなかった。そこで、上から酸素ガスを超音速で吹付けるLD転炉が開発された。これにより良質な鋼が迅速に生産できるようになった。

現在、LD転炉は360tの溶鋼を処理できる装置がある。酸素ガスを底吹きすると、上吹きより溶鋼の攪拌が大きくなり反応効率が良くなる。しかし、羽口近傍のレンガが溶損した。この問題を解決したのが二重管羽口である。プロパンガスの分解熱で羽口を冷却する方法が開発され、1967年に20tの純酸素底吹き転炉がドイツで開発された。我が国には1977年に導入された。現在では、上と底からガスを吹き込む複合吹錬法が開発され、溶鋼の適切な攪拌により精緻な成分調整を行っている。現在の工程では、精錬炉を経た後、取鍋で溶鋼にアルミニウムを投入して脱酸を行うほか、真空脱ガスや成分調整を行って連続鋳造機にかけている。

鋼は昔から焼入れや焼鈍しなど熱処理によって、硬軟様々な性質を付与されてきた。熱処理技術の進歩により、現在では大きな深絞り特性を持つ鋼や、高強度鋼材など鉄の性質を最大限に引き出す技術開発が進められている。

■鉄スクラップの溶解

1780年代の江戸時代天明年間の鉄生産は年約1万tで、その7割は農具に使われた。明治の初め頃までは古金《ふるがね》の鉄製品はほぼ100％回収され、鍛冶炉で「下し金《おろがね》」をして再溶解し、再び農具や釘などが作られた。当時の古金の回収量は不明であるが、鉄は金物泥棒が横行したほど貴重な材料であった。幕府は古金を扱う業者の「古金屋」に組合を結成させ、たびたび盗品の売買を禁ずる御触書を出した。江戸には幕末まで古金屋が軒を連ねていたが、西洋から安価な洋鉄が輸入されたたら製鉄が衰退すると、古金屋もなくなっていった。明治以降は鉄屑商が新たに起こり、近代製鉄業の発展とともに明治40年頃から鉄スクラップ専門業者として確立した。

西洋では17～18世紀には図8－1に示した精錬炉で、銑鉄の脱炭といっしょにスクラップを小片に砕き再溶解しルッペ鉄を製造していた。その後、ルツボ製鋼炉や反射炉で再溶解したが、1856年に平炉が発明されてからはこの炉が使われた。1900年にエルーがアーク式電気炉を実用化した。これは設備費が安価でありスクラップの溶解に適している。開発途上の国ではスクラップを購入し、アーク式電気炉で溶解して鉄鋼製品を製造している。

工業が発展した国では鉄鋼の備蓄が進み、スクラップの発生量も多くなる。製造された鉄鋼製品がスクラップとして発生するのは30～40年かかる。現在の世界の鉄鋼の備蓄量は約200億tと推定されており、我が国は約13億tである。アメリカはスクラップの最大の輸出国で、年間約2000万tを輸出している。

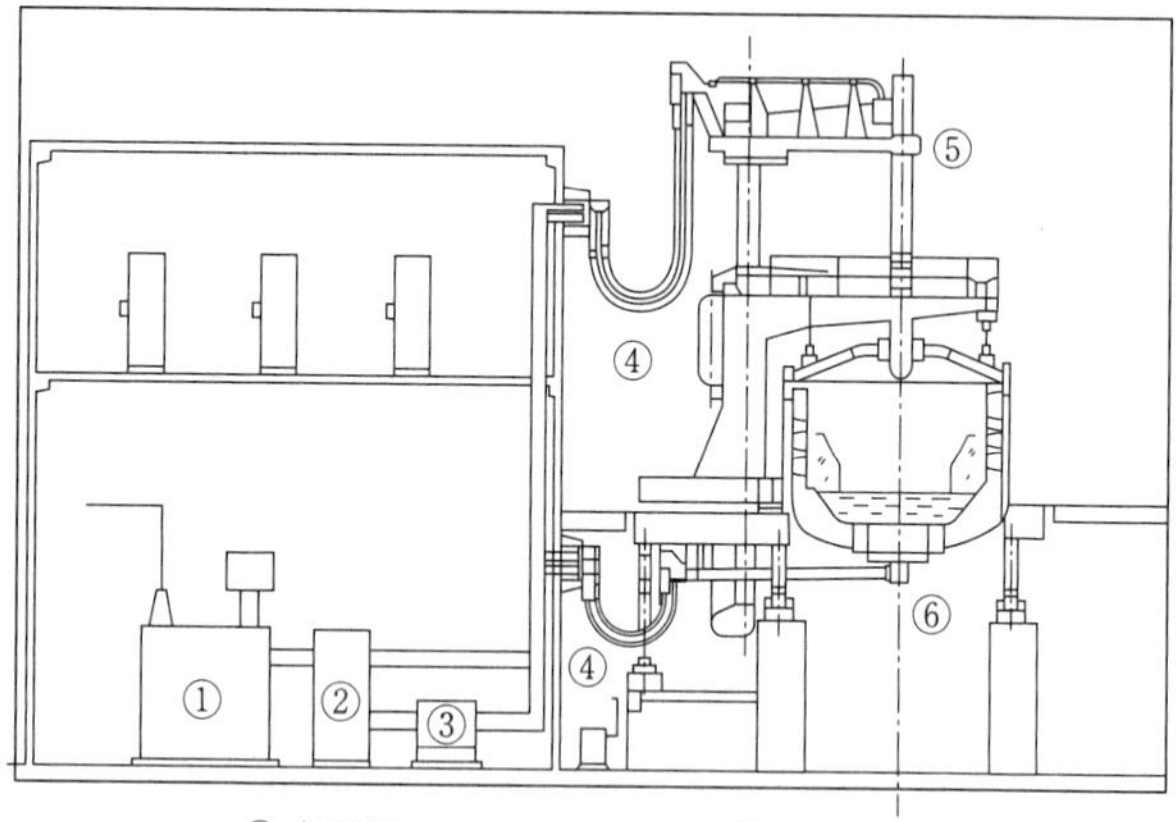

①変圧器　④水冷ケーブル
②サイリスタ整流器　⑤黒鉛電極
③直流リアクトル　⑥炉底電極

図 9-4　直流アーク炉

「日本の鉄鋼技術の転換点を探る――講演討論集(2)」日本鉄鋼協会

我が国は戦前戦後を通じてスクラップの輸入国であったが、１９９０年代中頃に輸出に転じた。30年前の１９６０年頃は転炉を導入して鉄鉱石から鋼を製造し、その後急速に生産量を増加させたからである。そして、１９７５年には粗鋼生産量年間１億ｔに達し現在まで続いている。現在、粗鋼生産量の内約4分の1がアーク式電気炉で作られている。２００８年の我が国の鉄スクラップの発生量は年間約５０００万ｔで、１５００万ｔは鉄鋼製品を作る段階で発生する自家発生屑である。５００万ｔが加工スクラップ、残りの３０００万ｔが自動車や家電製品から発生する老廃スクラップである。供給されたスクラップの内、転炉用には約１２００万ｔ、アーク式電気炉用には約2600万t、鋳物用には約500万tで輸出は約600万tである。

アーク式電気炉には交流式と直流式がある。交流式は3相交流を用い、炉の中に装入した3本の黒鉛電極の間にスクラップを通してアークを飛ばしアークの熱とスクラップに発生するジュール熱でスクラップを溶解する。直流式は図9‐4に示すように、主に1本の黒鉛電極を負極にし、炉底の電極を正極としてスクラップや溶鋼を通してアークを飛ばす。交流式は設備費が直流式より安い。一方、直流式は電極の消耗が少なく、電圧変動によるフリッカーが少なく操業が安定する。近年、大容量のサイリスタ整流器が開発され安定した直流を発生できるので、直流式の大型炉が開発され、現在では容量300tの電気炉が稼動している。現在、アーク式電気炉はもっぱらスクラップの溶解に用いられており、成分調整などの精錬は取鍋で行われている。

スクラップは様々な合金元素が混じっており、これらの不純物を鋼材の性質に影響を与えない程度に除去することは困難である。特にモーターなどから混入する銅の除去は難しく、熱間圧延工程での割れの原因になる。現在、スクラップは品質別に細かく分類して集荷され、不純物が混じらないように破砕して物理的に分別している。しかし、老廃スクラップは増加しており、不純物の混入は避けられない。そのため生産される製品は棒鋼やH形鋼など主に建築用の鋼材である。

スクラップの溶解に必要なエネルギーは高炉と転炉で鉄鉱石から鋼を作る場合と比べると少な

く、炭酸ガス排出の削減量は58％である（ＢＩＲ、国際リサイクル協会、２００９）。しかし、回収されたスクラップはすでに１００％再利用されており、これをもって炭酸ガスが削減されたとするわけにはいかない。最初に鉄鉱石から鉄を製造する工程ですでに炭酸ガスが発生しているからである。また、合金にするために加えられた鋼中の不純物濃度を、鋼材の性質に影響を与えない程度にまで下げる希釈のための新しい鋼が必要である。結局、鉄鉱石から鉄を製造する工程で炭酸ガスを削減することが重要である。

■現代の製鉄法

現代の製鉄法はどれほど進歩したであろうか。

意外に思うかもしれないが、「製鉄法」に限って言えば、現代の溶鉱炉は４００年前の木炭溶鉱炉から原理は変わっていないし、製鋼法もベッセマーの転炉法から原理的には全く進歩していないと言える。大きく変わったのは、その規模である。現在、溶鉱炉は約30ｍの高さがあり、１日１万ｔの銑鉄を製造している。転炉では数十分で３００ｔもの鋼を溶製している。

しかし、１日に溶鉱炉の容積１㎥当たり何ｔの銑鉄を作ることができるかという指標である出銑比は、４００年前には１ｔであったが、現在も２・５ｔである。生産機能としては、ほとんど変わっていないと言える。ただし、現在は銑鉄１ｔを作るために必要な燃料をコークスに換算す

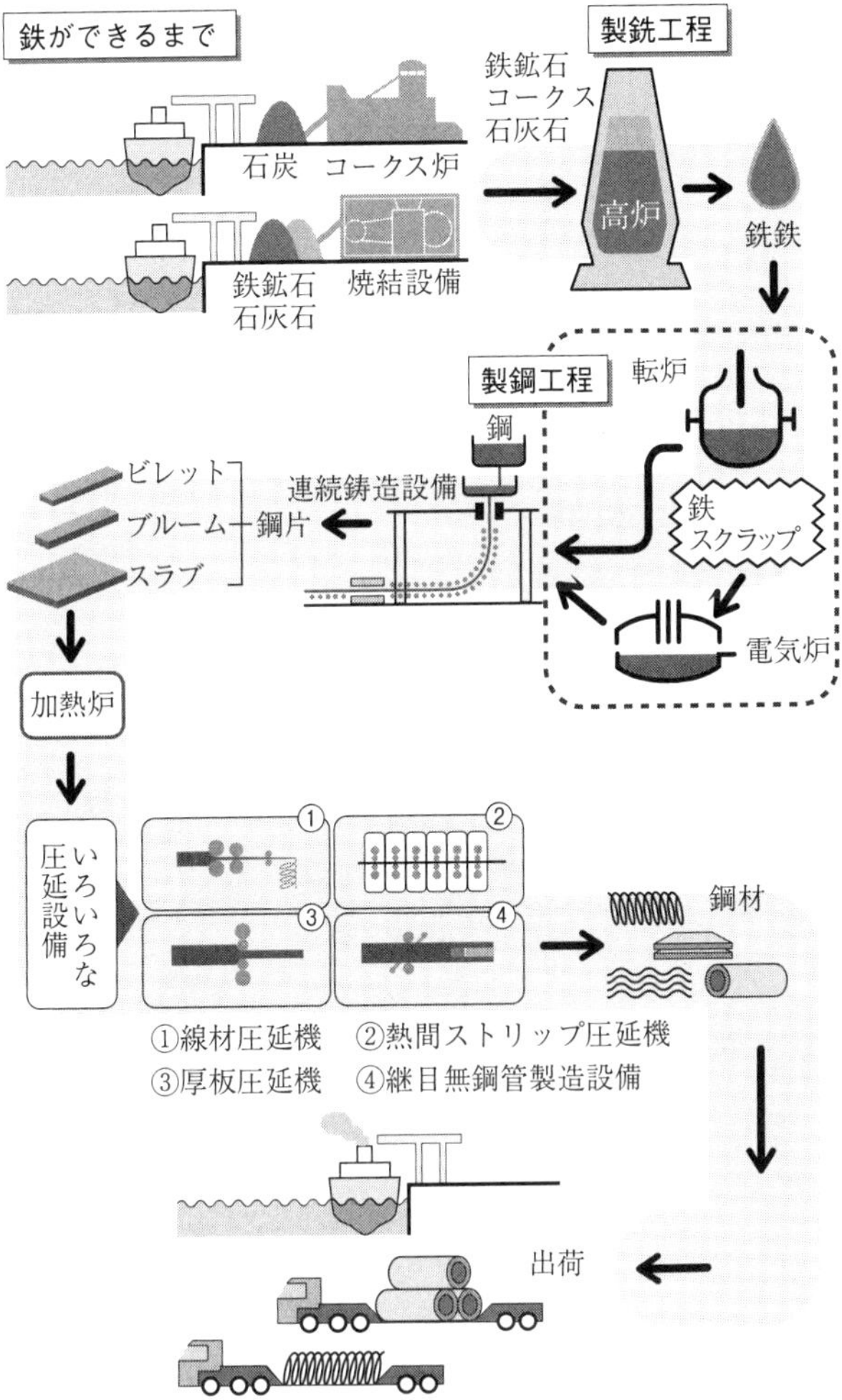

図 9-5　現代の鉄の作り方

たたら製鉄や1876年以前の欧州の製鉄にも脱酸工程はない

ると550kgであり、400年前木炭を5t使っていたことから比べると、格段に生産効率は上がっている。さらに鉄を作る工程はコンピューターで制御され、作業員の1人の生産性は非常に上がっている。

現代の製鉄工程を図9-5に示す。大きく分けると、原料処理工程、製銑工程、製鋼工程、凝固工程及び圧延工程である。

まず原料処理工程である。鉄鉱石は赤鉄鉱（ヘマタイト）で、そのほとんどは粉で送られてくる。これに石灰石を混ぜてコークスの燃焼熱で硬く焼き固め、一定の大きさに砕く。これを「焼結鉱」という。この他に鉄鉱石を砕いた塊鉱や、粉鉄鉱石を団子状に焼き固めたペレットがあるが、我が国では焼結鉱を使っている。石炭はコークス炉で蒸し焼きにして揮発成分を取り除き、製鉄用コークスにする。コークスは溶鉱炉の中で高く積み重ねられ、さらに反応ガスを通すために通気性を確保しなければならないので、潰れないような強度が必要である。そこで灰分の少ない強粘結炭という特別な石炭を使う。これらの原料は品質を安定させるため、数種類の銘柄をブレンドして使っている。

製銑工程は図9-6に示すように、溶鉱炉に上からコークスと赤鉄鉱石を交互に層状に装荷し、炉下部の羽口から1200℃に加熱した空気を吹き込む。原料は層状のまま炉内を徐々に降下し、上部のシャフト部（円筒部）で酸化鉄が還元される。生成した鉄粒とコークス粒は層状の

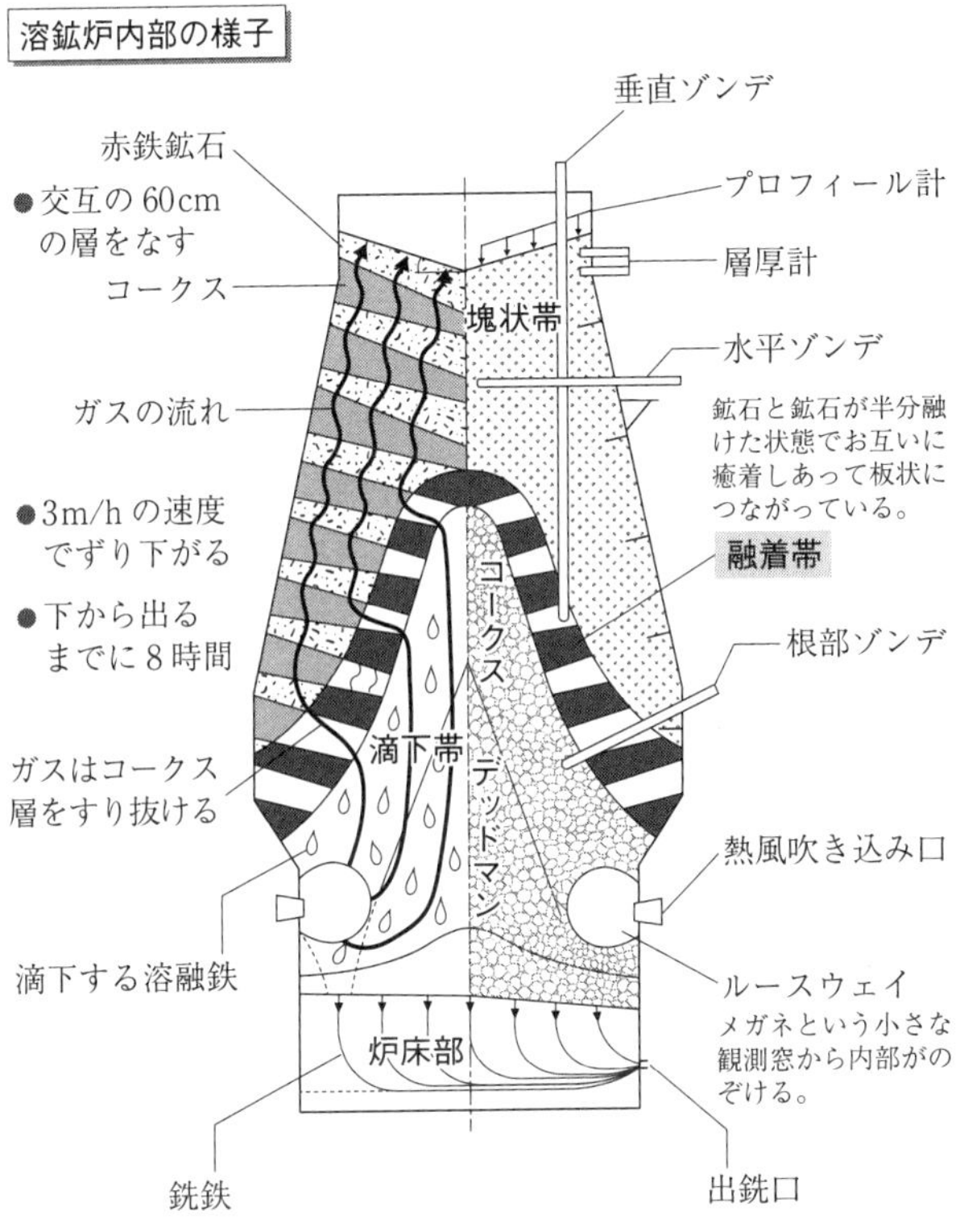

図 9-6　溶鉱炉内部の状態

まま約1450℃で焼結し、シャフト部の下に逆V字形の「融着帯」を形成する。融着帯から炉底まではコークス塊が詰まっており、「デッドマン」と称してほとんど変化しない。銑鉄は融着帯の下側で炭素を吸収して融点を下げ溶融し、デッドマンのコークス塊の間を滴下して炉底に溜まる。羽口から吹き込んだ空気はコークスを燃焼させ、窒素とCOガスの高温ガスとなって炉内を上昇するが、この融着帯は大きな通気抵抗となる。

この時、鉄鉱石中に含まれるシリカやアルミナ等の脈石は、鉄鉱石といっしょに装荷された石灰石と反応してガラス状の溶融スラグになり、溶融銑鉄の上に浮く。銑鉄とスラグは間欠的に炉下部に開けた出銑口から取り出され、溶銑樋で銑鉄とスラグに分けられる。銑鉄は製鋼工場に輸送される。銑鉄とスラグはほぼ同体積で生成し、スラグはセメントの原料等に使われる。

銑鉄中には鋼の強度や硬度などの機械的性質を悪くするリンや硫黄が溶解している。そこで、製鋼工場に送る途中で、石灰石粉を酸素ガスと共に吹き込みリンや硫黄を石灰石に吸収させ、これらの濃度を下げる。この工程を溶銑予備処理という。

製鋼工程では、銑鉄を転炉に入れ、酸素ガスを高速で噴き付けて銑鉄中の炭素を燃焼させる。同時にその燃焼熱で温度を1600℃近くに上昇させ、数十分で炭素濃度の低い溶鋼を作る。この工程を脱炭と呼ぶ。

この工程では、溶鋼中の炭素濃度が減少するにしたがって、酸素が溶解する。溶鋼中の炭素濃度と酸素濃度は反比例するからである。その溶解した酸素が、鉄が凝固するときに溶鋼中に放出され、炭素と反応して一酸化炭素ガスを発生する。これを「リミングアクション」と言う。凝固は鋳型の壁から始まり、中心部にこのガス気泡が大量に残る。そこで、溶鋼を取鍋に移し、アルミニウムを投入して酸素と反応させ、固体のアルミナにして酸素を完全に除去する。この工程を脱酸工程と呼ぶ。

アルミニウムで脱酸した鋼を「アルミキルド鋼」と呼んでいる。脱酸で生成したアルミナは非常に硬く、50μm以上のアルミナの粒子は浮上してスラグに吸収されるが、それ以下の粒子は鋼中に残留し、細い鋼線や薄い鋼板にすると破壊の起点になることがある。脱酸には、鉄マンガン合金や鉄シリコン合金を投入して作る「リムド鋼」があるが、キルド鋼より脱酸能力は弱い。

このほか、合金成分の金属を添加して成分調整を行う。また、溶鋼中に溶けている水素や窒素を真空中で除去する。このように溶鋼中の成分調整を行う工程を取鍋精錬と呼んでいる。

凝固工程では、成分調整した溶鋼を鋳型に注ぎ込んで凝固させ、大きな鋼塊にする。これを造塊と言う。現在では、連続鋳造機で連続的に凝固させ直接、厚鋼板（スラブ）および丸や角の小鋼片（ビレット）や大鋼片（ブルーム）を製造している。これらは一定の長さに切断し、冷却して保管される。

圧延工程では、需要に応じてこれらを均熱炉で1100℃に再加熱し、圧延機でロールの間を通して所定の厚さにまで加工する。これを熱間加工という。その後、冷間加工や熱処理などを経て、薄鋼板やパイプ、棒鋼、線材、H形鋼など様々な形状の製品に造形する。さらに必要に応じてメッキなどの表面処理が施され、出荷される。これらの工程で鋼中の結晶組織を調整して所定の機械的性質を与える。また、鍛造でも製品を作る。

第10章　たたら製鉄のユニークな工夫

■たたら製鉄とその発展

ヨーロッパで発展した溶鉱炉法は、塊状の鉄鉱石を使用し銑鉄を製造するまでに時間がかかった。一方、我が国に伝わった製鉄技術は、鉄鉱石の枯渇により微粉の砂鉄を使うユニークな技術として発展した。

我が国に製鉄技術が朝鮮半島を経由して伝えられたのは6世紀後半である。その形状は長方形箱型炉である。8世紀に入って半地下式縦型シャフト炉（筒型炉）が伝えられた。前者は中国・九州地方で多く発掘されており、後者は静岡以東で主に発掘されている。

長方形箱型炉は粘土にワラを入れて補強した炉壁で作られており、その大きさは、8世紀後半と推定されている岡山県のキナザコ遺跡の炉では、内法で長辺90㎝、短辺70㎝、高さ60㎝である。片側の長辺壁には3個の羽口が取り付けられ、1台のピストン型の吹差鞴の送風機で強制通風を行っていた。半地下式縦型シャフト炉の大きさは、9世紀と推定されている群馬県菅の沢遺跡炉で、炉床幅75㎝、残存高さ1・2mである。岩盤を掘り込み、半地下式にして粘土で炉壁を作っていた。炉底から約30㎝の炉背壁から穴の径が1㎝程度の羽口が1本取り付けられ、送風機で強制通風していた。

発掘されたこれらのたたら炉の壁の高さは60㎝程度が多い。これに関して、村上恭通は『倭人と鉄の考古学』で「小型たたら操業実験後の屋外に放置しておいた炉の形状変化を6ヵ月後に調査したところ、焼結した炉下部の壁は残存するが、上部の焼結していない部分は風雨に曝されてほとんど形を留めていなかった」と報告している。したがって、実際の炉壁の高さは発掘の際記録された高さより高かったと考えられる。

原料は日本でも当初は赤鉄鉱石（ヘマタイト）を砕いて用いていたが枯渇し、奈良時代の終わりの8世紀末頃から砂鉄を用いるようになった。その後、たたら製鉄法は砂鉄を原料とする独特な製鉄方法として発展を遂げた。12世紀以降になると箱型の炉が大型化し、主に銑鉄を製造していた。17世紀半ばから農民層など一般的な需要が飛躍的に増大し、送風装置の能力が大きくなった。

桃山時代まではたたら炉は「野だたら」と呼ばれ、砂鉄が採取でき木炭が豊富に得られる場所で、簡単な炉床の上に粘土で築かれた。内法縦約1・8m、横約90㎝、高さ約90㎝、粘土壁の厚さ約20㎝の直方体である。両方の長壁の炉下部に多数の羽口を設置し、踏鞴ついで吹差鞴（箱鞴）で強制通風し、生産性は2倍になった。

江戸時代になり輸送手段が発達すると、高殿と呼ばれる建屋の中に作られた。1691年に天《てん》秤《びん》鞴が中国地方で発明され、生産性はさらに2倍になった。これは「永代たたら」あるいは「企業たたら」と呼ばれている。このたたらは地下構造を堅固にし、浸透する水気を完全に遮断した。粉炭を堅く突き固めた炉床の上に、縦2・4～3・6m、幅90㎝、高さ1mの炉を築いた。長辺炉下部に設置した羽口から2台あるいは4台の鞴で強制通風した。その主生産物は銑《ずく》（溶《よう》銑《せん》）と呼ばれる銑鉄であり、鍋や釜、刃物、蝶番や釘などの建材や民生品等が製造された。操業は4日連続（4日押）で行われ、鉧塊《けらかい》（鋼塊）の生成を極力避けるために、短い間隔で銑を流し出した。19世紀に入り改良がなされ、操業は3日に短縮された（3日押）。

たたら製鉄技術は、江戸中期に完成した。たたら製鉄の製品は江戸中期までは銑であり、その後、江戸後期・明治期を経て昭和19年までは3日3晩の1代（操業）で銑と鉧が1・5tずつ作られていた。

明治期になってもたたら製鉄は島根県出雲地方を中心に我が国の鉄鋼生産を主要に担い、鉧と銑を半々に製造してきたが、西洋の近代製鉄法による輸入銑鉄と錬鉄のダンピングにより経済的に成り立たなくなっていった。明治期中頃から開発研究が行われていた角炉による砂鉄からの銑鉄製造が出雲で始まり、これを現在の日立金属安来工場の前進である雲伯鉄鋼合資会社で電気炉を用いて精錬し鋼が製造された。しかし、ついにたたらは大正12年に商業生産を中止した。

その後、日本刀の材料としての需要に応ずるために一部で続けられ、さらに昭和8年に国策で「靖国たたら」が島根県仁多郡奥出雲町横田大呂に操業されて、第二次大戦終わり頃の昭和19年まで続けられた。昭和20年の敗戦で、武器である日本刀の製作が禁止され、たたら製鉄も行われなくなった。昭和27年に日本は独立し、美術刀剣の製作も復活したが、原料となる玉鋼の枯渇が危惧された。そこで昭和52年に（財）日本美術刀剣保存協会が再び刀鍛冶の玉鋼《たまはがね》に対する需要に応ずるため、靖国たたらの遺構を利用して「日刀保たたら」を再構築し現在に至っている。現在、冬季に3回操業されている。「日刀保たたら」では玉鋼を作る目的から、その主な生産物は大きな鉧塊であるので、第二次大戦以前の銑と鉧を半々作っていた方法とは操業方法が少し異なっている。

■日刀保たたら

平成5年1月末に新日本製鉄の技術部長に誘われて、「日刀保たたら」を見学した。鉄骨製のがらんとした高殿と呼ぶ約20m四方の建物の中央の少し盛り土した土間に、口絵写真2に示す高さ1・2m、幅約1m、長さ約3mの粘土製の箱型のたたら炉が、黄色い炎を2m位の高さまで間欠的に吹き上げていた。風の音が人の呼吸のようにゴー、ゴーと間欠的にするだけで、静まり返った静寂の中で操業が行われていた。突然、静寂を破って「やってらっしゃい」という声が響く。2人の村下《むらげ》が種鋤《たねすき》と呼ぶ木製のシャベルで黙々と砂鉄を炉に装荷する。その後、炭焚《すみたき》（木炭を装荷する係）が木炭を入れた。これを約30分ごとに3日3晩続けるのである。

72時間後、炉を解体し中から2・5tもある大きな鉧塊をウインチで引き出した。鉧塊を引き出した後の凹みには溶けた銑が溜まり池を作っていた。鉧塊は冷却後大きな鏨を天井から落として粉砕し、小分けして等級に分類し販売している。このたたら炉で作られた大きな鉧塊の中の良質な部分を「玉鋼」と称し、日本刀の材料になる。

現代製鉄とは全く違った方法に興味を抱き、表村下の木原明氏に研究をしたいと申し込んだ。木原氏は、「私は伝統技術を守るのが使命です」とやんわり断られた。それから毎年、日刀保たたら操業の一部を見学した。平成12年2月に突然、木原氏から炉作りから鉧出しまで全てを見る機会を与えられた。高殿の片隅で観察し一心にメモを取った。その年の10月に鳥取県西部で直下型地震が発生した。木原氏からたたらの地下にある「小舟」と呼ばれるトンネルの被害状況を調査するために、地下の一部を掘り起こしたとの連絡を受けた。すぐに出雲に飛び小舟を調査し、許可を得て湿度計と温度計を設置した。さらに、炉を築く炉底の木炭粉のサンプリングを行い、含有する水分量や熱伝導度の測定を行った。この一連の調査により、たたら製鉄法の冶金学的研究が大きく前進した。

出雲の山中の冬は寒い。高殿の一角にある四畳半の休憩部屋のいろりで暖を取って休んでいる時、高橋一郎先生にお会いした。先生は、小学校の校長を勤めていらした郷土史家である。特に江戸時代の鉄山師の一人である絲原《いとはら》家の古文書を丹念に調べ、たたら製鉄では銑鉄の銑生産が主であったことを明らかにした。靖国たたらでは、銑と鉧をそれぞれ1・5tずつ作っていたが、その遺構を利用している日刀保たたらでは、ほとんど鉧塊を作っている。一言でたたらと言っても、操業法は時代とともに変わってきている。

■微粉の砂鉄を飛ばさない工夫

「日刀保たたら」の操業を観察することで、前近代製鉄法の技術が見えてくる。

砂鉄は直径0・1㎜程度の微細な粉末である。強く吹くと吹き飛び、目詰まりして高温ガスの通気を阻害する。そのため溶鉱炉では使えない。世界の製鉄技術の歴史の中で、唯一たたら製鉄だけがこの微粉の砂鉄を使って溶けた銑（銑鉄）と大きな鉧塊（鋼塊）を同じ炉で製造した。どのようにしてこの難問を解決したのであろうか？

図10－1に明治時代のたたら炉の設計図を示す。たたら製鉄は、長さ3m、幅1m、高さ1・2mの箱型の粘土製の炉で、炉の両側に設置された天秤鞴2台を人力で踏んで炉底から冷風を送

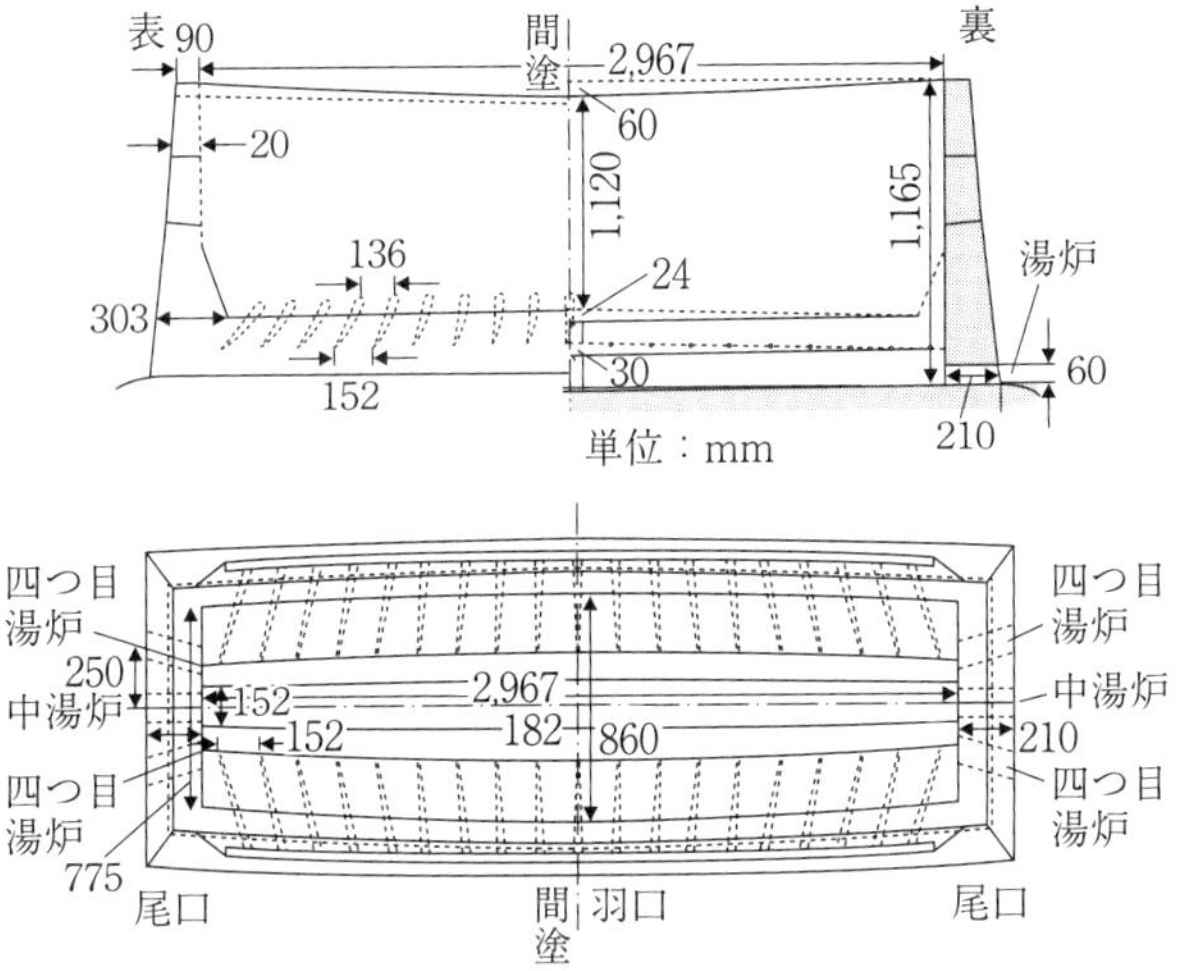

図 10-1　砺波たたら炉設計図

俵國一『明治時代に於ける古来の砂鐵製錬法（たたら吹製鐵法）』より

風し、わずか30〜40分の高速で銑鉄を製造した。この時、砂鉄が吹き飛ばないよう天秤鞴で空気を弱く吹き込んだ。図10－2に天秤鞴の図を示す。天秤鞴は2枚の板の両端を支点として真ん中に「番子《ばんこ》」が1人乗って交互に踏んで送風するようになっていた。羽口は長炉壁の下部にそれぞれ20本、合計40本開けられている。1時間交代で行ったので「代わりばんこ」、両足を交互に踏むので「たたらを踏む」という言葉が生まれた。送風条件を一定にするために2人の番子がそろって踏むよう「たたら唄」を歌った。その結果、脈動風になった。

　脈動風が弱まった時、吹き上がった砂鉄は炉内に落ちる。また、砂鉄は両方の長壁に沿って15㎝辺りに種鋤で装荷し、その

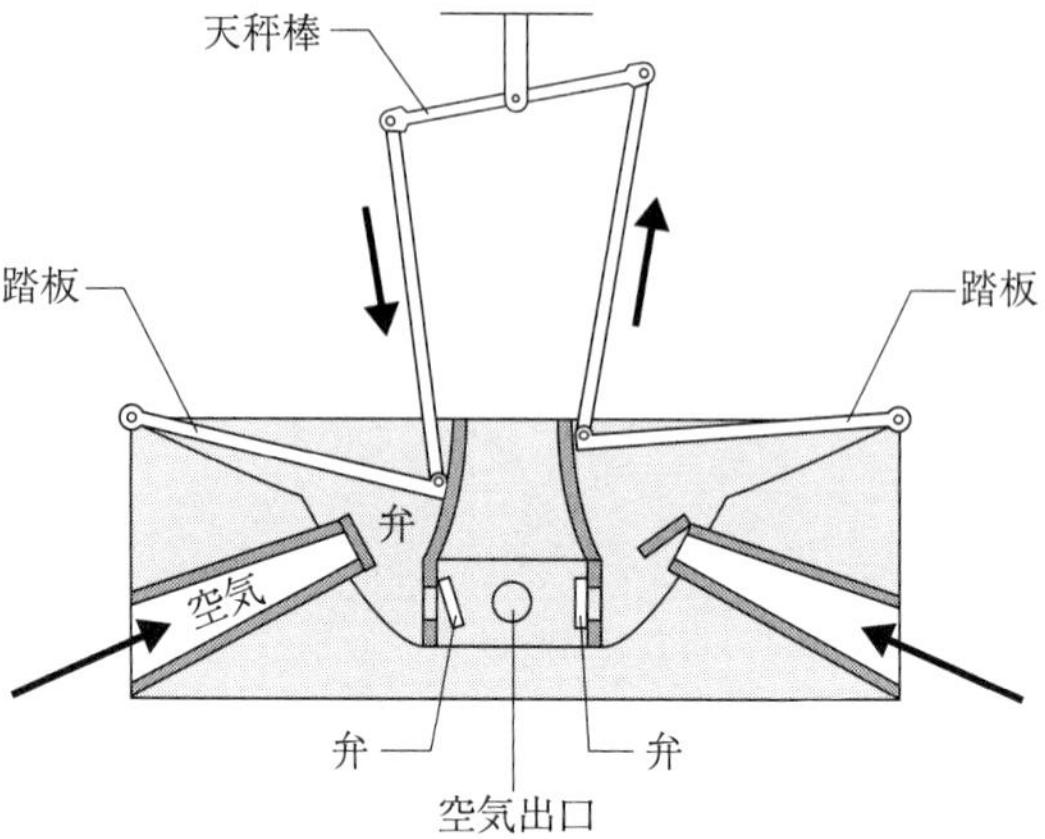

図 10-2　天秤鞴

後、箕で木炭を入れる。したがって、長壁に沿った炉の真ん中は木炭が窪んでいる。高温ガスはこの炉の中心部を吹き上がり、砂鉄には直接風が当たらない。昭和44年に日本鉄鋼協会が行ったたたら製鉄では連続風を使ったが飛散した砂鉄は10%以上になった。脈動風では2%程度である。

■高温を得る工夫

鉄を作るためには1350~1400℃の温度が必要である。しかも砂鉄は磁鉄鉱で、高炉で使われる赤鉄鉱と比べ還元が難しい鉄鉱石である。

弱い風でどのようにして高温を得たのか？　この問題は、火吹き竹の原理で解決した。火吹き竹は節に小さな穴を開けた竹筒で、炭を吹くと空気が強く当たったところは勢いよく燃える。たたら炉下部の元釜の粘土の壁に開けられた羽口は、炉外側の入口

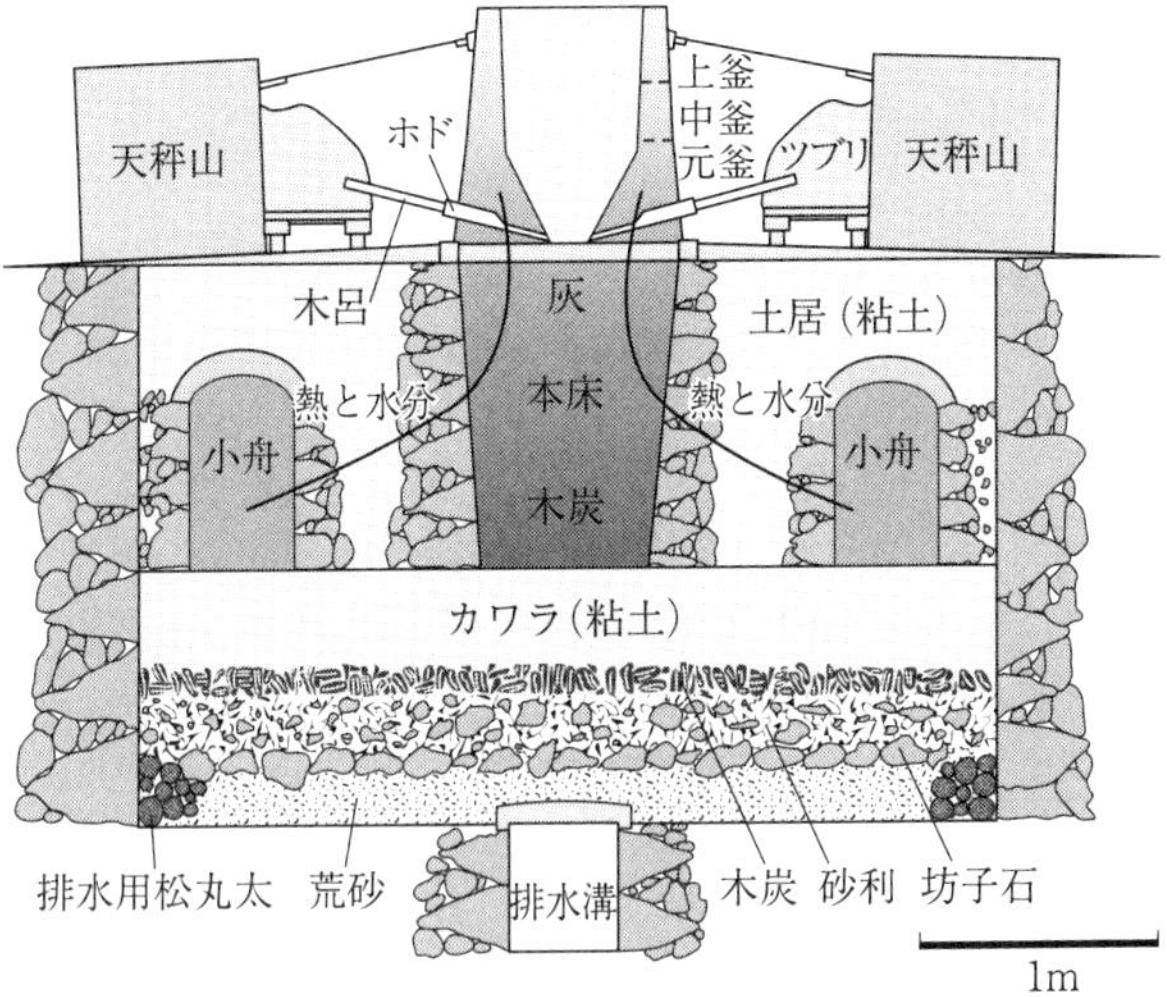

図 10-3　地下構造（熱と水分の流れ）

は6㎝程で炉内の出口は数㎜である。傾斜がついた穴なので通気抵抗はほとんど生じない。弱い風でも先端から勢いよく木炭に吹き付けるので、狭い領域であるが高温が生成する。図10－3に示すように炉底はV字形になっており、両側の壁から斜め下に向け1対の羽口が設けられ、そこから空気が吹き込まれて高温領域が形成される。生産量を増やすために約15㎝の間隔で羽口対を並べた結果、箱型の炉になった。

脈動風の効果もある。羽口から吹き込んだ空気は木炭を燃焼し、生成した高温の炭酸ガスは高温の炭と反応して一酸化炭素ガスになり砂鉄を還元する。高温ガスはこの炉の中心部を吹き上がる。脈動風で風が弱まると高温ガスが淀み吹き抜けるのを防ぐと同時に、高温の還元ガスが両脇に広がり砂鉄を還元する。そのため燃料効率も西洋の木炭高炉より良かった。

たたら炉の地下に作られた「床釣《とこつり》」と呼ばれる地下構造も、高温を得るための工夫がしてある。図10－3に示すように、約6m四方で深さ約3mの穴を掘り、中心に「本床」と呼ぶ木炭を詰めた層がある。木炭は断熱の役割をする。炉はその上に作られる。その両脇に「小舟」というトンネルがある。炉を作っている粘土には3t近い水分が含まれており、操業中この水分が炉内で蒸発すると、炉内の熱は蒸発熱として奪われ温度が上がりにくくなる。炉内は約1400℃、周囲の土居は100℃以上であるが、小舟の温度は操業中常に40℃程度に保たれている。したがって、熱は炉から小舟に流れ、それに伴って粘土中の水分は小舟に流れる。この穴の壁と本床および小舟の壁は石垣で組み、集まった水分はさらに外に散逸するようになっている。すなわち小舟は粘土で作る炉に含まれる水分を炉外に逃す役割をしている。本床と小舟の下にある「カワラ」と呼ぶ透水性のない粘土層は地下水の上昇を遮断し、排水溝に流す仕組みである。18世紀後半に小氷河期と呼ばれる天候の悪い時期があり、この時、カワラから下の部分は地下水を排水するために作られた。

この地下構造は、我が国に製鉄技術が伝わった初期の広島県のカナクロ谷遺跡にもその原型が見られ、炉の周りに小舟と同じ効果を持つ溝が掘られていた。17世紀後半までには床釣のカワラから上の構造ができ上がっている。

■貧鉱の砂鉄を95%に濃化する技術

砂鉄は風化した花崗岩を切り崩し、谷の水流を利用して比重選鉱により重い砂鉄を選別し濃化した。花崗岩には砂鉄はわずか数%程度しか含まれておらず、これを約90%まで濃縮する。この方法は「鉄穴《かんな》流《なが》し」と呼ばれた。幅約1m、長さ十数mの樋《とい》に堰を設け、ここに砂鉄を沈殿させる。これを3段階の樋で濃縮した。さらにたたら場で濃縮し最終的には約95%にした。90%以上の泥は下流に流れ、川床を上げ田に流入したので、農民との争いが絶えなかった。そこで鉄穴流しは農閑期である秋の彼岸から春の彼岸までに行い、その間、鉄穴流しに従事する農民の収入になるようにした。現在は「鉄穴流し」は禁止されており、砂鉄は磁石に吸引されるので磁力選鉱法で採取されている。

花崗岩は火山性の岩石である。山中で採取される砂鉄は磁鉄鉱（マグネタイト）で酸化チタンが数%含まれるが、鉄穴流しで粒径が0・5㎜程度の砂鉄が採取され、酸化チタンは流出して2%程度になる。これを真砂小鉄《まさこがね》と称した。真砂小鉄は低融点のノロを作り流れ易く、たたら操業に有利である。このような砂鉄が採取できる地域は限られており、出雲（島根県）、伯耆《ほうき》（鳥取県西部）、千種（兵庫県北部）、久慈（岩手県北部）である。少し風化し砂鉄が小ぶりで酸化が進んだ砂鉄やチタン酸鉄鉱石（イルメナイト）を含む砂鉄は赤目小鉄《あこめこがね》と呼ばれ、主に備後（広島県北部）で銑の生産に使われた。

火山列島である我が国では、河川の淀みや海岸の砂浜の黒くなったところで砂鉄は磁石で容易に採取できる。しかし、ほとんどの河川や海岸で採れる砂鉄は小粒で、チタン酸鉄鉱石が含まれている。チタン酸鉄鉱石は磁石に付かないが磁鉄鉱の砂鉄と分離していないので、磁石で採取しても酸化チタン濃度が高い砂鉄が取れる。酸化チタン濃度が高いとノロの融点が上がり粘性が高くなるので流れにくくなる。そこで炉の温度を高くせざるを得ず燃料代がかさみ、鋼中のリン濃度が高く脆くなり品質が落ちる。

したがって、平安時代になるとチタン酸鉄鉱石の含有量が少ない上記4ヵ所と、広島の砂鉄が使われるようになった。島根県の斐伊川や鳥取県の日野川、兵庫県北部の宍粟千種地区、青森県久慈川流域などではたたら操業が盛んになり、他地域では衰退していった。備後の砂鉄はチタンが多く含まれるが、砂鉄が風化しており還元し易いので銑鉄製造が行われた。たたらが盛んに行われた地域の砂鉄中の全鉄成分に対する酸化チタンの重量比は約0・05であり、他の地域は約0・15と、およそ3倍ほど酸化チタン成分が多い。

■溶けた銑鉄と大きな鋼塊を作る

平成9年2月2～6日まで日刀保たたらの炉造りから鉧出しまで見学した。日刀保たたら炉は日立金属鳥上木炭銑工場内にある。たたら操業を行っている建屋は高殿である。鉄骨造りの高殿に近づくと、窓からたたらの炎が立ち上がっているのが見えた。小さな木製の観音扉を押し開けて中に入り、木原明村下に挨拶をした。中は薄暗く小さな照明はあるが炎の明かりが辺りを照らしていた。中央の盛土の上にたたら炉があり、人の呼吸のように間欠的に炎が2m程立ち上っていた（口絵写真1）。たたら炉の下には大がかりな地下構造があるが、このたたら炉は、昭和8年に作られた靖国たたらの地下構造を利用している。

(1)炉作り

炉を作る粘土は「釜土《かまつち》」と呼ばれる。「真砂」と良質の粘土をセメントミキサーで水と混錬し、土町《つちまち》に広げてさらに素足で踏む。これは粗粒を除くと同時に、中の空気を抜くためである。空気は高温になると膨張し釜土塊を破砕する。炉作りの時、土刀《つちがたな》で約20cm角に切出して使う。この作業は月曜日に行われる。

火曜日の朝、炉作りに先立って下灰《したはい》と呼ぶ作業を行う。まず木材を井桁に積み重ねこれを燃す。燠《おき》となったところを村下が「炭掻き熊手」で掻きならし、続いて「しなえ」と呼ぶ長柄の木の棒（約3・5m）で表面を叩き締める。しなえは弾力性のあるリョウブの生木で作られている。本床の縁に４人ずつ並び、しなえで交互に「そうれ」と号令をかけて打ち下ろす。バタンと打ち下ろす度に、細かい火の粉が飛び散る。村下が「灰えぶり」（木製）や「灰もそろ」（頭は金属製）などの道具で燠《おき》を平らに掻きならし、しなえで叩き締める。炉床を固く叩き締めておくことにより、炉床の損耗を少なくすることができる。それでも２・５ｔの鉧塊は20㎝程沈む。

本床上に「筋金」と呼ぶ鋳鉄製の角棒（幅12㎝、厚さ９㎝）が４本設置してあり、炉の輪郭を作っている。その上に箱形の炉を粘土で築く。炉は長さ２・７ｍ、高さ１・２ｍ、幅約90㎝で壁の中央が少し膨らみ少し低くなっている。炉は下から元釜、中釜、上釜と3段になっており、この順に作る。炉底はV字形をしており、中央の溝は幅約10㎝ある。この側面に「ホド穴」（羽口）を炉内に向かって角度19～24度で斜め下に開け、12㎝間隔で片側20本ずつ両側に合計40本を設けた。まず、初差《はつざし》と呼ぶ細長い円錐形の棒で炉内外の予定の2点間を貫く穴を開けた後、木呂《きろ》差《ざし》と呼ぶ円錐形の棒で大きさを整え、最後に円錐形のシラベで仕上げをした。ホド穴の大きさや角度は操業に大きく影響するので、村下が季節による製品のでき具合を勘案して決め、その開け方は秘伝とされてきた。

元釜の上に中釜が築かれた。塀状に高さ40㎝程積み上げた。内外の壁面に「とうじ」と呼ぶ粘土水を藁箒《わらぼうき》（わらの束）で塗って綺麗に仕上げた。この段階で炉の内外で薪を焚いて、火曜日昼過ぎから17時間、翌水曜日の朝7時まで乾燥した。その後、上釜を築いた。

脈動風は別棟に設置された4台の吹差鞴（ピストン型電動送風機、送風能力750〜950㎥／時）を用い、太い管でたたら炉両側の「天秤台」（元天秤鞴があった場所に築かれた台）の「龍口」と呼ぶ出口まで送られる。龍口に接続して、風の分配箱である「つぶり」を設置し粘土で厚く覆って風漏れを防ぐ。分配箱と20個のホド穴を蔓《つる》で補強した竹製の木呂管でつなぐ。木呂管の先を鋳鉄製の管に差込み、ホド穴に接続する。ホド穴は中を補修できるように上部が開いており、吹き込まれる風の勢いで空気が吸い込まれるようになっている。操業の中ごろまでは「ホド蓋」と呼ぶ木栓で塞いである。江戸期から明治初期までは、炉の両脇に天秤鞴が置かれ送風していた。

(2) 操業

木炭を上釜の中程まで装荷し、水曜日午前11時30分送風を開始した。乾燥の際の火種が残っているのですぐに木炭の燃焼が始まり、徐々に炉の温度が上昇した。火勢を強くし、大きめに割った木炭を炉いっぱいに装荷した。木炭は、クヌギやコナラなどの雑炭で、完全に炭化していない状態が火力が強く良いとされている。炎は透明な紫色である。

午前12時30分、送風開始より約1時間後に村下（表村下）と炭坂《すみさか》（裏村下）は金屋子神に拝礼し、操業が開始された。村下と炭坂は、炉を半分ずつ担当した。砂鉄は、斐伊川上流の羽内谷で採れる真砂砂鉄だけを用いた。まず、「初種《はつだね》」と称する最初の砂鉄を装入した。小鉄町《こがねまち》に集積してある砂鉄を種鋤で数回すくっては落とした後、半分程（約4kg）すくってたたら炉に運んだ。砂鉄は壁際から約15㎝あたりに、壁に沿って入れていった。これを十数回繰り返した後、村下の合図で炭焚が木炭を壁際から装荷した。砂鉄は16杯64kg、木炭は6杯90kg装荷した。その後、30分ごとに砂鉄と木炭の装荷を繰り返した。砂鉄の装荷量は村下と炭坂の判断により炉の状態で変化した。炎は最初赤みを帯び次第に黄色くなっていった。

操業は、送風開始より約20時間までを「籠《こも》り」、以後16時間までを「上《のぼ》り」、以後28時間30分までを「下《くだ》り」に3区分して管理した。各区分で砂鉄に含ませる水分量を調整した。昭和19年までのたたら操業では「籠り」を「籠り」と「籠り次」に分けて全体で4区分で操業しており、それぞれに異なった種類の砂鉄を用いた。

村下は多年の経験から、炎の色は「山吹ボセ」あるいは「キワダホセ」（木の名前で黄色をしている）とも呼んで、赤みが少なく黄色の強いものを良い炎とした。

水曜日午後4時、ホド穴から放射温度計で温度測定を行うと、1250℃であった。村下がホドを「ホド突き」と呼ぶ先の尖った細い鉄棒で突っつき、常に掃除をしていた。午後7時に初ノロが出た。送風開始から7時間半である。炉の両端の炉底には直径10㎝程度の穴が開けられており、操業の「籠り」期は中心の穴の「中湯路《なかゆじ》」から、「上り」後は両脇の2つの穴の「四《よ》つ目湯《めゆ》路」からノロを流出させた。湯路から出る「イズホセ」と呼ぶ炎には細かい白い火花である「沸《じ》き花」が発生していた。

木曜日午前0時15分に中湯路を閉じ、四つ目湯路に切り替えた。図10－4に示すように、２つの湯路をつないで深さ10㎝くらいのU字形の溝を掘り、ここにノロが自然に流れ出した。この頃「上り」に入った。午前9時、湯路の温度は１３５８℃を示した。炎は山吹色で炉の状態は順調であった。ノロは自然に安定して流出し粘らず流動性がよく、色は黄赤色で表面は蟹の甲羅のようにしわが見えた。これを「蟹ノロ」という。炉内からは「ジ・ジ・ジ」という音がした。これを「しじる音」と言い、多く聞こえる程よい。

図10-4　ノロの流出

午後7時、ホド穴の温度は１３７７℃で、徐々に上昇した。村下はホド穴を常にホド突きで掃除し、穴が丸く満月色の状態で続くようにした。ホド突きの先に付いた鉄から火花が出る状態がよい。

金曜日、早朝から炉況はよくない。炎が弱い箇所があった。10時40分頃回復し、下りに入った。しかし、午後も操業が不安定であった。ノロの温度は1250℃程度に下がっていた。村下は「早種」という十分乾燥した真砂砂鉄を状態の悪いところに装荷し、炉況を早く回復させるよう努めた。

土曜日午前0時頃、突然炉の調子が悪くなり、炉の一部の場所から炎が出なくなり、結局回復はしなかった。午前3時半、砂鉄装荷を終了した。村下と炭坂は金屋子神に一礼した。午前5時17分送風を止め、6時に多くの見学者が見守る中で炉の解体が始まった。解体の状況を図10－5に示した。1時間程で終わり、関係者一同金屋子神に礼拝しお神酒を頂戴した。

図10-5　炉の解体

(3) 鉧《けらだ》出しと鉄《かね》作り

炉解体の2時間後、クレーンとチェーンを使ってまだ熱い鉧塊を建屋の外に引き出した。これを口絵写真3に示した。たたら炉は1代目（ひとよめ）ごとに壊され、新たに作られた。

昭和19年まで操業されたたたらでは、12ｔの砂鉄と12ｔの木炭から、3日3晩（72時間）の連続操業で1・5ｔの銑と1・5ｔの大きな鉧塊を製造した。溶融した銑は操業の間中、炉から連続的に流出し窪みに流して凝固させ、これを水中に投げ入れて急冷した。これを「流《なが》れ銑《ずく》」と呼び、無数の一酸化炭素ガス気泡を含むため蜂目《はちめ》銑《ずく》とも呼ばれ、粘り気のある極優良の低リン濃度の白銑であった。

操業終盤になると、V字形の炉底はノロで侵食され、次第に壁厚は薄くなった。羽口は後退し、吹き込まれる風は炉の中心に届かなくなって温度は次第に下がった。羽口上部で生成した溶融銑鉄粒は羽口下で温度が低下すると固相が晶出し、鋼の鉧塊が生成した。そこで、操業終盤では炉壁を意図的にノロで侵食させて鉧塊を育成する製造方法に切り替えた。操業が終わると炉を解体し、炉底にできている鉧塊を引き出し、空冷するか池に引き入れて水中で急冷した。前者を「火はがね」、後者を「水はがね」と呼んだ。

大きな鉧塊は、大銅場（後工程の部屋）で3ｔの鋼の鏨《たがね》を天井から落として、その衝撃で破砕した。中銅場、小銅場、手割りを経て、最終的にはこぶし大の大きさにして、等級に分類し商品にした。

現在では炭素濃度が1～1・5％でノロを噛み込んでいない鋼塊は玉鋼1級とし、1級の小粒のものを「目白」、以下、玉鋼2級、歩《ぶ》鉧《けら》、銑《ずく》とした。鉧塊を引き出した跡に炉底に溜まっている溶融銑鉄を「裏銑《うらずく》」、鉧塊の底に付いている銑鉄を「鉧銑《けらずく》」と呼んだ。裏銑は長い間灰床にあったため気泡は抜けている。これを「氷目銑《こおりめずく》」と呼び、蜂目銑と比べるとリン濃度が高く品質が劣る。銑の炭素濃度は3・5%程度である。

銑鉄は鋳物にも用いたが、大半は脱炭して「包丁鉄《ほうちょうてつ》」と呼ぶ軟鉄にした。包丁鉄は加工し易く、小鍛冶と呼ばれた職人が農具などを作った。次章では前近代的な脱炭技術を述べる。

第11章　脱炭と軟鉄の製造

■大鍛冶

玉鋼から外れた等外品の歩鉧と銑は、「大鍛冶《おおかじ》」に運ばれ、脱炭して炭素濃度約0・1%の軟鉄にした。これを「包丁鉄」あるいは「割鉄」と呼んだ。この工程は、「左下《さげ》」と「本場《ほんば》」の2工程で行われた。この技術はすでに途絶えている。唯一、昭和30年頃、島根県教育委員会が編纂した「無形文化財和鋼製作技術」の映像にその技術の一部が残されている（図11－1～図11－4）。また、俵國一著の『明治時代に於ける古来の砂鐵製錬法』に明治30年頃行われていた大鍛冶技術の記録が記載されている。また、鉄山師田部家で大正12年まで行われていた、たたら製鉄の村下からの聞き語りを記録した田部清蔵氏の『語り部』に大鍛冶の記述がある。ここではそれらの記録を基に再現してみよう。

日本の刃物の鉈《なた》、包丁、鑿《のみ》、鏨《たがね》、鎌などは台金に刃を鍛接する構造になっている。台金には軟鉄である包丁鉄が使われ、刃には高炭素濃度の鋼が用いられた。これは研磨する際、硬い刃が少し台金から出ている状態なので、研磨し易くなる。また、建造物や船舶は木造であり包丁鉄で作った和釘や舟釘が使われた。このように包丁鉄は加工しやすく、浸炭して硬くすることもできたので、民生品に広く使われた。銑は低い温度で溶解できるので脱炭が容易であるが、鋼塊は脱炭が困難でありそのまま刃などに使われた。

■包丁鉄の製造

(1)大鍛冶場

左下場の炉（火窪《ほど》）を図11－1に示す。送風は吹差鞴が用いられた。鞴と炉床の間に保護壁があり、鞴の右側中央下部の送風口から木呂管を保護壁の下部に通し、その先に粘土製の羽口を接続した。羽口の先には「素灰《そばい》」（木炭粉）を充填し突き固めた長さ1・2m、幅30cm、深さ85cmの縦長の灰床があった。本場の炉は左下場と同様な炉を築くか、あるいは共用した。

大鍛冶の棟梁を大工と呼ぶ。大工の位置は土間から約30cm高くなっている土盛りである。盛土の裾に金床《かなとこ》と敷鉄《しきがね》（当て鉄）がある。金床は大きさが縦9cm、横21cm、高さ54cmの錬鉄で、大工から見て横長にして土間に約10cm埋め込んである。金床は3度外側に傾いて大工が持つ鍛え鉄板が金床面に当たるようになっている。敷鉄は銑鉄板で、金床に接して大工の反対側に置いてある。ここで、本場で脱炭した鉄を鍛造して板状の割鉄にする。

　作業員は、大工職1人、左下職1人、向打《むこううち》4人、鞴を引く引差《ひきさし》人夫2人であった。向打は時計回りに1番手子から4番手子の順に繰り返し玄翁《げんのう》（ハンマー）を金床上に振り下ろした。玄翁の重量は1貫500匁《もんめ》～2貫（5・6～7・5kg）あった。

図11-1　大鍛冶火窪

(2) 左下操業

　羽口の前に銑塊や歩鉧約300kgをトンネル状に積み、約450kgの小炭で覆う。小炭は枝などを炭にしたものである。人力で操作するピストン方式の箱型の吹差鞴を用い、吹き出る空気で小炭を燃焼し外部から加熱する。初めは送風量を絞ってゆっくり加熱する。1時間程で温度が上がってくると盛んに白い細かい火花の「沸き花」が出始め、銑鉄が溶解し炉底に溜まり始めたことが分かる。この状況を図11－2に示す。左下師は「底突き」と呼ぶ鉄の棒で炉内状況を確認し、粘り気があると送風量を上げた。

　この時、温度が上がればよいというわけではない。「炉が冴え過ぎる」すなわち炉内が乾燥すると、鉄が「はしかく（脆く）」

図11-2　左下工程で銑の溶解を示す「沸き花」

なるという。こうなると鉄は軟らかくならない。温度が上がり脱炭が進んで鉄が酸化し始める。そこで、時折柄杓で水をかけて炉内の湿気に気を配り、温度の上昇を抑えた。その後20～30分以降、脱炭した鉄を少しずつ分割して引き出し塊にした。左下作業は約2時間である。生成した鉄塊を「左下鉄《さげがね》」と呼んだ。その炭素濃度は不均質であるが、平均濃度で0・7％まで下がる。歩留まりは100％である。

筆者の実験では、この時、羽口から炉内を観察すると、銑鉄は1154℃以上で溶解し始め、流れ落ち始めるが、その表面は溶融酸化鉄のFeOで覆われており一酸化炭素ガスの気泡が発生し沸騰していた。これは吹き込まれた空気で銑鉄表面が酸化され、溶融FeOと銑鉄に溶解している炭素が反応して一酸化炭素ガスを発生しており、脱炭が起きていることを示している。

(3) 本場操業

次に本場の工程に移る。左下鉄を30kgずつに分け、同様な操作で脱炭した。初めは弱めで、火勢が盛んになったら強く吹いた。20分程で白い火花の「沸き花」が出始め、鉄塊の7割が炉底に溶け落ちると左下師は底突きで鉄塊をまとめながら、絶えず向きを変えて空気を当て脱炭を進行させた。図11－3のように、火花は激しく出るが、この時も温度が上がり過ぎないよう、時折柄杓で水をかけた。火花の形は、最初は線香花火のように枝が出るが、次第に枝の出方が少なくなる。炭素濃度が下がってきたことを示している。この鉄塊を羽口から少し遠ざけ、残り3割の鉄塊に十分風を当て脱炭を進行させ、全体を一つの鉄塊にまとめ上げた。頃合いを見て左下師は鉄塊を炉から取り出し、藁灰を塗して大工に渡す。この鉄塊を「卸《おろ》し鉄《がね》」と呼ぶ。

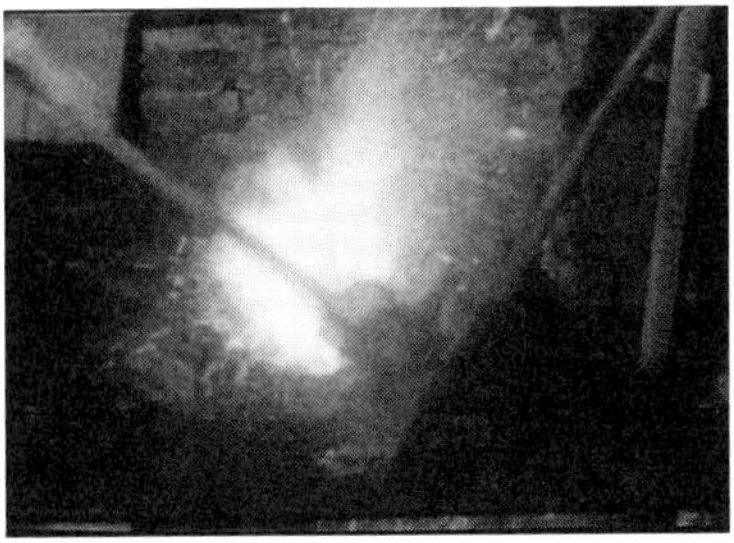

図11-3　本場での溶解と脱炭
鉄の過剰な酸化を抑制するため水をかけ過熱を防止した

　真っ赤に加熱した一塊の卸し鉄を、左下職がハサミで挟んで金床の前の敷鉄上に置き、大工に渡す。大工は火バサミで挟み固定して、4人の向打に重たい金槌で1番手から順に打たせ素早く形を長方形に整える。それを金床上に置いて鏨で長手方向に2枚に切るが、切り離してはいない。これを一焼《ひとや》き（胴切り）と呼んだ。

　これを左下師が再び火窪で加熱し、大工に渡す。大工は金床の上に置き、長方形に平たくして長手方向に鏨で切り4片

図11-4　卸し鉄はすぐに鍛造して包丁鉄（割鉄）を作製

に切り離す。これを二焼《ふたや》き（2番切り）と呼ぶ。三焼《みや》きから六《む》焼《や》きまでは1片ずつの処理を言う。

4片のうちの最初の片を火窪から取り出し、金床上で一方向に延ばし、その端を切って形を整え（鼻切り）、再加熱した。これを順次他の3片を取り出して行った。次に最初の片を取り出し端の中央に縦に切込みを入れ、火窪で加熱した。順次他の3片に行った。再び最初の片を取り出して他端に切込みを入れ、縦中央に80％の深さに切込みを入れ、長さ60㎝、幅20㎝、厚さ1㎝の板にした。これを他の3片に行った。これを図11－4に示す。本場の工程で約30㎏の左下鉄と歩鉧の混合物から、1枚約5㎏の包丁鉄4枚が作られた。歩留まりはおよそ60～70％であり、損耗は脱炭工程で起こる。時間は鍛造工程で約30分かかり、本場作業は約1時間かかったことになる。これを10回繰り返して約10時間かかった。大工渡部平助は、「鉄は打つ程に固くなるもので、包丁鉄は少なく打って鉄の板の形を作るのが大工の上手と言われていた」と言う。

第12章　鉄のリサイクルと再溶解

■鋼の溶解と炭素濃度の調整

日本刀や鎌、鍬、鋤の農具などの製品を作る鍛冶屋を「小鍛冶」と呼んだ。室町時代や戦国時代以前から鉄製品は使えなくなると「古金《ふるがね》」と称し、回収して村の鍛冶屋に持ち込まれリサイクルされていた。鉄は貴重な材料であり、古金はほぼ100％回収されていた。

小鍛冶は古金を火窪で再溶解して鉄塊を作り、数回折返し鍛錬して製品を作った。この再溶解した鉄を「下し鉄《おろしがね》」と呼んだ。大鍛冶で銑鉄を脱炭しまとめ上げた鉄塊を「おろしがね（卸し鉄）」と呼んだ（151ページ）が、リサイクルのために再溶解した鉄も「おろしがね（下し鉄）」と呼ぶ。「下し鉄」技術は、現在では日本刀を製作している刀鍛冶が伝承している。

この再溶解工程では鉄中の炭素濃度を調整しある程度の増減を行った。下し鉄法には、銑鉄を脱炭する「銑《ずく》下し法」、包丁鉄や和釘などの低炭素鋼の炭素濃度を増大させる「鉄《てつ》下し法」、炭素

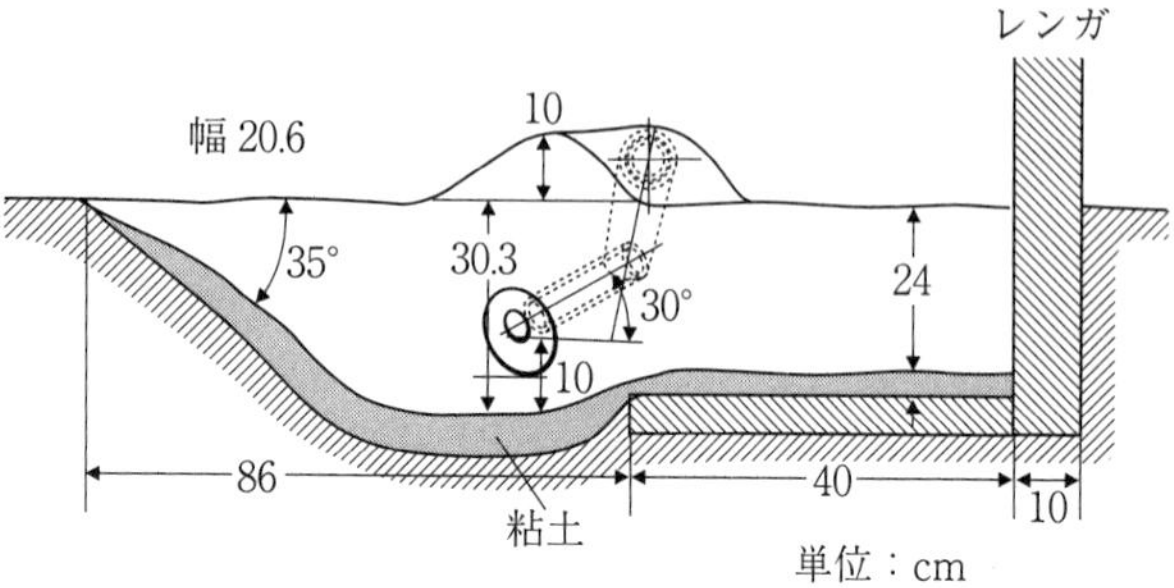

図 12-1　東京帝国大学日本刀製作所の火窪
雄山閣編『日本刀講座　第2巻（科学篇）』より

濃度をあまり変化させないで鋼片をまとめるための「鋼《はがね》下し法」がある。

ここでは俵國一が行った方法を紹介する（『日本刀講座　科学篇』）。俵は、鍛冶炉を用いて下し鉄法の実験を行った。炉の形状は、地面に溝を掘り、レンガを張ってその上を粘土で内張りし、深さ1尺（約30㎝）、幅6寸8分（約20㎝）、長さ5尺（約150㎝）である。これを図12－1に示す。使うのは手前60㎝程度であり、奥は加熱した木炭を一時押しやるスペースとして使う。炉底は手前から約40㎝まで傾斜して徐々に落ち込んでいる。手前約60㎝で炉底から約10㎝の高さの位置に、羽口が手前から向かって左に設置されている。羽口は、炉壁の法線に対して手前に30度、下向きに30度傾いており、風が炉の手前下方向に吹くようになっている。羽口は内径約4㎝の鉄管で壁から約5㎝突き出ており、出ている部分は粘土で椀状に覆って保護している。羽口近傍の両側の壁は約9㎝盛り上げられているので、この位置における壁の上端から羽口までの高さは約40㎝である。

送風機は吹差鞴で、炉の左に約10度手前に開いて設置してある。鞴と炉の間にはレンガの壁を置いて遮熱している。鞴は箱型で、大きさは内法で長さ約110㎝、高さ約60㎝、幅約24㎝である。ピストンの押し引きで空気が吐き出し口から羽口に送られる。ピストンを2尺（約60㎝）動かすと、約90Lの空気を羽口に送ることができる。

(1)鉄下し法

原料は長さ約50㎝、幅約5㎝、厚さ約1・5㎝の包丁鉄である。炭素濃度は場所により異なり0・054〜0・15%である。この包丁鉄を800〜1000℃に加熱して金床上で厚さを5㎜程度に打ち延ばし、約15㎝の大きさのへシ鉄《がね》に切り分けた。重量にして1枚約70gである。

鍛冶炉の底に羽口の下端まで約6㎝の厚さに素灰を敷き、その上に藁灰を約3㎝程載せた。約2㎝角に切った松炭を炉内に羽口近くの壁を少し越す程度に山盛りに入れ、点火した。鞴のピストンを約40㎝、1分間に12往復させて火を十分おこす。風量は毎分1440Lである。十分木炭に火が回ったところで、へシ鉄7片を炭火上に置いた。1分後、木炭は約6㎝下がるので松炭を炉の奥に置いた木炭を掻き寄せて元の高さに戻し、第2回目のへシ鉄8片を置いた。鉄の溶解が始まると白い火花の「沸き花」が盛んに出た。以後、約1分ごとに同じ操作を10回繰り返した。

10回目はヘシ鉄装入開始後9分30秒である。

　その後送風量を多くして温度を高め、鉄棒を炭火中に挿入して未溶解のヘシ鉄片を炉底に落とした。14分後に送風を止めて、16分20秒後に下し鉄塊を取り出し、水中に投じた。使用した松炭は約4・5kg、挿入したヘシ鉄は全部で約4・8kgであり、得られた下し鉄は約3・5kgで収率は73%であった。しかし、ヘシ鉄の一部は溶解せず炉内に残留していた。これらを考慮すると収率は90%程度である。

　2回目の操業では、ヘシ鉄約4・5kgから下し鉄約3・6kgで収率は80%であった。この時も未溶解のヘシ鉄が100g程残っていた。

　下し鉄の炭素濃度は1回目は平均0・54%、2回目は0・71%であった。しかし、下し鉄中の炭素濃度は不均質で底部では1〜2%、多いところは3%近くあり、上部では低く包丁鉄のままであった。

　温度は、吹止め直後に炭を掻き分けて下し鉄上部の温度を測定した。第1回目は1010℃、第2回目は1040℃であった。

　この現象を俵は、前半に入れたヘシ鉄は木炭との接触に十分時間が取れるので銑鉄にまで進行し、炉底に溜まるが、後半のものは十分な浸炭時間が取れないので炭素濃度が低くなったとしている。

⑵銑下し法

原料は、包丁鉄と銑を6対4の割合で混合した。包丁鉄はヘシ鉄にし、銑は少し溶融する程度まで加熱し手打小鎚《こづち》で小片に砕いた。炭素濃度は包丁鉄で0・05〜0・15％で、銑は3・76％である。鍛冶炉に山盛り松炭を入れ炭火をおこした。送風はピストンを1分間に10往復させた。送風開始後4分でヘシ鉄16片を入れた。さらに1分後に木炭を減った分だけ搔き寄せ、ヘシ鉄10片を入れた。次の1分後からは木炭を搔き寄せた後、銑片1つかみとヘシ鉄7〜10片を入れた。やはり鉄の溶解が始まると白い火花の「沸き花」が盛んに出た。総計13回入れ、12分40秒を要した。その後、送風を強くし、鉄棒で木炭中を搔き混ぜ、未溶解の鉄片を十分降下させた。この間、木炭に水を柄杓に3杯かけて温度上昇を抑えた。また、炉内からはしじる音を聞き分けている。原料を入れ始めてから21分50秒後に送風を止めた。下し鉄を炉内から取り出し放冷した。原料約4・5kgから下し鉄約4・3kgを得て、歩留まりは95％である。

2回目もほぼ同様な経過を示し、原料を13回に分けて挿入する時間は15分40秒であった。原料約4・5kgから下し鉄約5kgを得ており、これはそれ以前の操業で炉内に残ったものが一緒に得られたとしている。

下し鉄の成分組成は、炭素濃度が平均1・25％であるが、場所により不均質で、上部は0・5

%程度で下部になるにしたがい増加し1%以上になった。

(3)鋼下し法

原料は、たたら製鉄で作られる鉧塊を破砕した時に得られる、大きさ1・5㎝程度の歩鉧を用いた。炭素濃度は平均0・94%である。炉に木炭を入れ、点火後3分で歩鉧を2つかみ入れ、その後30秒から1分間隔で入れた。11回入れ8分50秒かかった。同じように、鉄の溶解が始まると白い火花の「沸き花」が盛んに出た。その後7分間少し強めに送風し、鉄棒で炭の中を掻き混ぜて歩鉧を炉底に降下させ送風を止めた。そのまま9分間炉内に下し鉄を留めた後、取り出し放冷した。歩鉧3㎏から下し鉄2・59㎏が得られ、歩留まりは86%であった。下し鉄の炭素濃度は平均0・62%であるが、大部分は0%でほとんど脱炭しており、周辺に炭素濃度1%前後の領域があった。

■永田式下し鉄法

(1)下し炉

著者の下し鉄の炉の形は、永田式たたら炉とほとんど同じである。違いは炉の内法断面がレンガ1枚分の方形であること、羽口の位置が炉底から2段目であること、そしてノロ出し口がないことである。この炉の構造を図12-2に示す。また、レンガの炉の上に軽量ブロックは積まない。炉底の箱に粉炭を充填しこの位置を炉底とする。下し鉄の取り出し口にレンガを1枚置き、炉底を粉炭で椀形に凹ませる。炉底の深さは羽口下端からこぶし1つ分、約9cmである。送風は送風量の調整つまみ付きの電動送風機を用いた。羽口の管には塩化ビニール製のT字管の窓を取り付けると内部を観察できる。

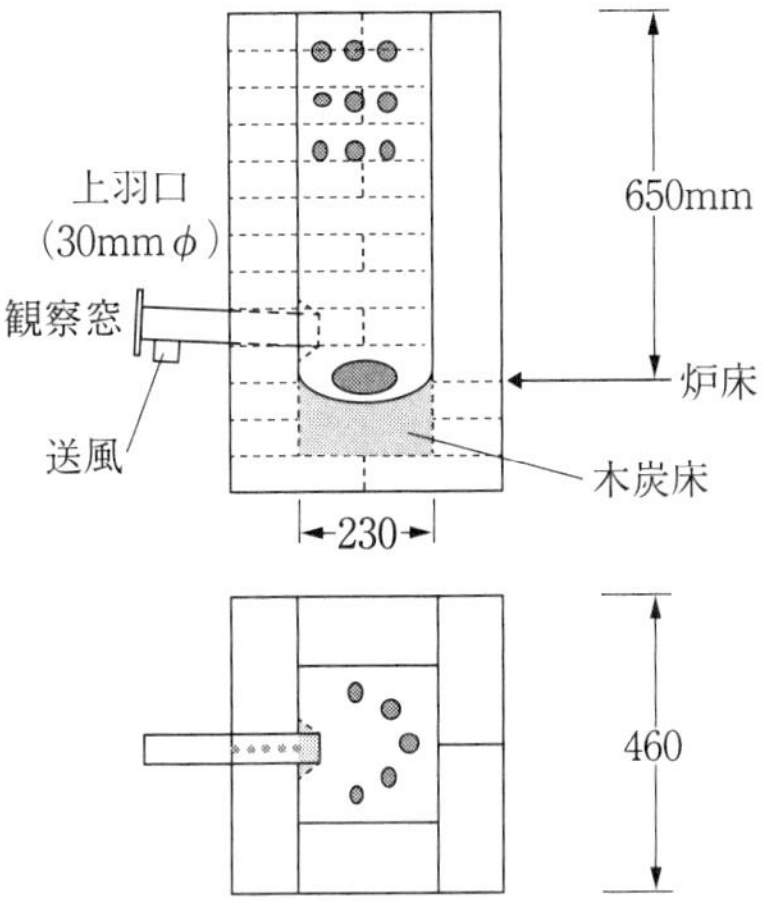

図12-2　永田式下し炉

炉床を深くすると炭素濃度が高くなる。浅くすると低くなる

(2) 操業

原料は、たたら製鉄で得た鉧の粒や小塊および鍛冶工程で発生した鋼片等を混合したものを、1操業に2kg用いた。炭素濃度はそれぞれ異なっているが、0・5~1・0%とばらついている。原料は鉄中の炭素

濃度の大小と塊の大きさに応じ、大まかに3組に分けておく。

下し鉄の取り出し口にレンガを積み、約3㎝の大きさに切った木炭を入れ点火した。木炭は松炭あるいはクヌギ、コナラ、クリなどの雑炭を用いた。最初に炉を加熱し乾燥するため木炭だけを燃焼させる。炉のレンガに触ると熱く感じる程度まで木炭を燃やし、炉の温度を十分上げておく。木炭が燃え落ちるにしたがって、順次下し鉄の取り出し口のレンガを外していく。木炭が羽口レベルまで燃えて降下したところで、残りの木炭を全て取り出し炉底を粉炭で作り直す。

再び、下し鉄の取り出し口に炉底からレンガを6段目まで積み、木炭を入れる。木炭の上に、まず炭素濃度の低い小粒の鉄塊を羽口を囲むように馬蹄形に並べる。7段目のレンガを置きそのレベルまで木炭を入れる。その上に少し大きめの塊を馬蹄形に並べる。さらに8段目のレンガを積み木炭を入れ、銑《ずく》や炭素濃度の高い鉄塊を炉の中心に並べる。9段目のレンガを積み、木炭を入れ、その上にたたら製鉄操業や鍛冶作業で発生したノロの粉を一つかみ炉の中心に入れる。10段目のレンガを置き木炭を入れる。

炉底には熾《おき》が残っているので、送風を開始するとすぐに木炭の燃焼が始まる。木炭の燃焼速度は10分間で約10㎝であるが、天候や特に湿度により調整を要する。

送風開始から約10分後に炉上部から出るガスに点火し、一酸化炭素ガスを燃焼させる。そして炎の高さが炉の上から約1ｍになるよう送風量を調整する。

炎は最初一酸化炭素ガスの燃焼による青や紫色をしているが、次第に赤みを増し、20分後辺りから白く発光する細かい火花の「沸き花」が出始める。これは鉄が溶け始めたときに発生する。この時、観察窓から炉内を観察すると、燃焼した木炭の間を溶けた鉄が炉底に流れ落ちていくのが見える。

木炭の燃焼による降下に応じて、銑出し口のレンガを1枚ずつ外していく。20～40分にかけて「沸き花」が盛んに発生し、溶けた鉄が流れ落ちていく。

図12-3　永田式下し炉の下し鉄

40分を過ぎる頃から「沸き花」は少なくなり、所々にある未溶解の鉄から「沸き花」が発生する。これもなくなり、約60分後木炭が羽口の位置まで燃焼したところで送風を止める。炉内からは、グツグツというしじる音が聞こえる。そのまま10分程待ってしじる音が聞こえなくなってから、下し鉄を取り出し水冷する。下し鉄は約1・5kg取れ収率は75％である。図12‐3に示すように、まとまっているが、突き出ている部分は未溶解の鉄片が溶着している。炭素濃度のばらつきは小さく平均炭素濃度は1～1・5％である。

原料の鉄塊の大きさを約10㎝より大きくすると、鉄塊は十分溶解しないうちに羽口前まで降下し、羽口を塞ぐと同時に炉底にできている下し鉄に溶着する。また、5段目から原料の鉄粒を入れ、炉の高さを8段にすると平均炭素濃度は0・6〜0・8%と低くなる。また、羽口下端からの炉底の深さを5㎝程度に浅くすると、下し鉄の平均炭素濃度は約0・7%になるが、上部は脱炭されて炭素濃度は低く下部は高く不均質になる。

鉄が溶けると「沸き花」が発生する。次章では鋳造における銑の溶解現象とその特徴について述べる。

第13章　銑鉄の溶解と鋳金

■こしき炉

鋳造技術の歴史は古く、銅の鋳造は紀元前3500年ころメソポタミヤ地方で行われていた。中国には紀元前1600～1000年頃の商の都跡から、精密な鋳造銅器が出土している。鋳鉄製品は、春秋戦国時代の紀元前475～221年に作られた鉄製農具や鎌などが、河北省で発掘されている。紀元前2000年ころトルコから中近東のアナトリア地方でプロト・ヒッタイトが発見した製鉄法は、紀元前1000年ころヒッタイト帝国の崩壊により世界に伝播し、中国には紀元前600年ころ春秋戦国時代初期に伝えられた。戦国時代中期の紀元前300年頃には生産工具が青銅器から鉄器になり銑鉄の鋳造品が作られた。

我が国では弥生時代末期の紀元頃には、鉄の船載品を溶解して鋳型に流し込み鉄斧などの鉄製品を作っていた。8世紀頃には梵鐘や灯籠、鉄仏、釜、鉄瓶などを鋳造してきた。この溶解炉を

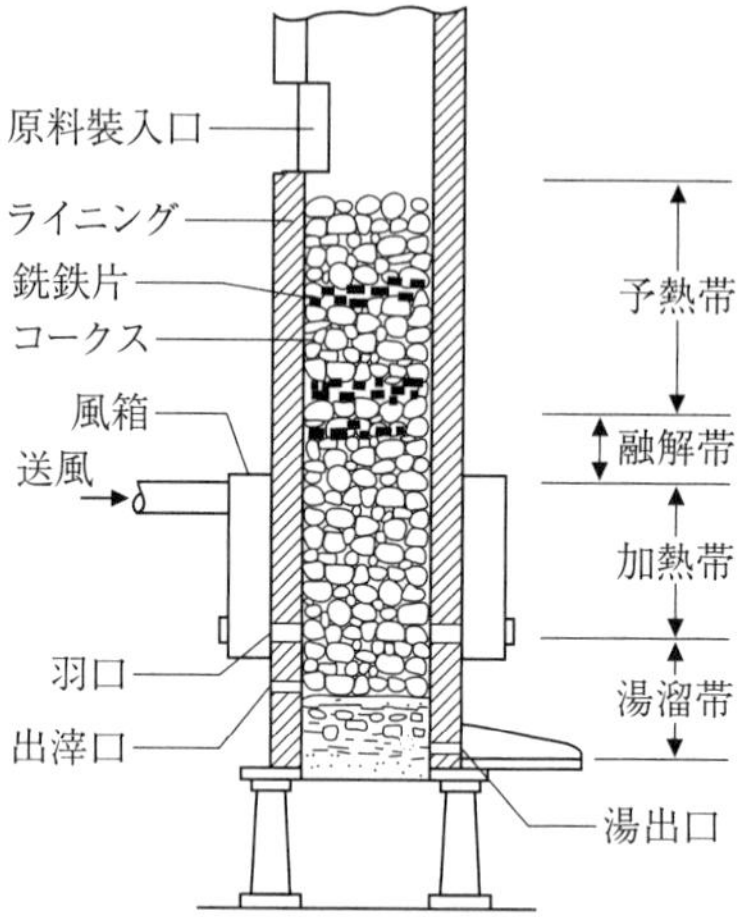

図13-1　現代のキュポラ

炉内径 1m、有効高さ 4.5m、溶解能力 6t
山内一彦『わかり易い機械講座 8 鋳造』より

「こしき炉」と呼ぶ。明治期までは、たたらで作った銑《ずく》（銑鉄《せんてつ》）を木炭燃焼のこしき炉で溶解していた。それ以後は高炉で作った鋳造用銑鉄をコークス燃焼のこしき炉で溶解し、現代は大量生産にはキュポラが用いられている（図13－1）。

　ここでは、伯耆の国（鳥取県倉吉市）の鋳物師に使われていたこしき炉について述べる。図13－2に木炭燃焼型こしき炉の断面図を示す。円筒形で、4段に分割できる。上から「上こしき」「こしき」「下こしき」「湯溜め（ル）」で構成される。これは蒸し器の「こしき」に似ているのでこのように呼ばれている。

　上こしきは上に広がった鋳鉄製の短い円筒で、内側に耐火粘土などは塗らない。こしき、下こしき、およびルのそれぞれの継目には「ねなわ（クライ）」と呼ばれる粘土を置く。これは、火が漏れるのを防ぎ、湯やノロでルとこしきが接着することを防ぎ、こしきの取り外しを容易にする。上こしきとこしきでは原料の加熱を行い、こしき下部から下こしきで銑の溶解が起こる。ル

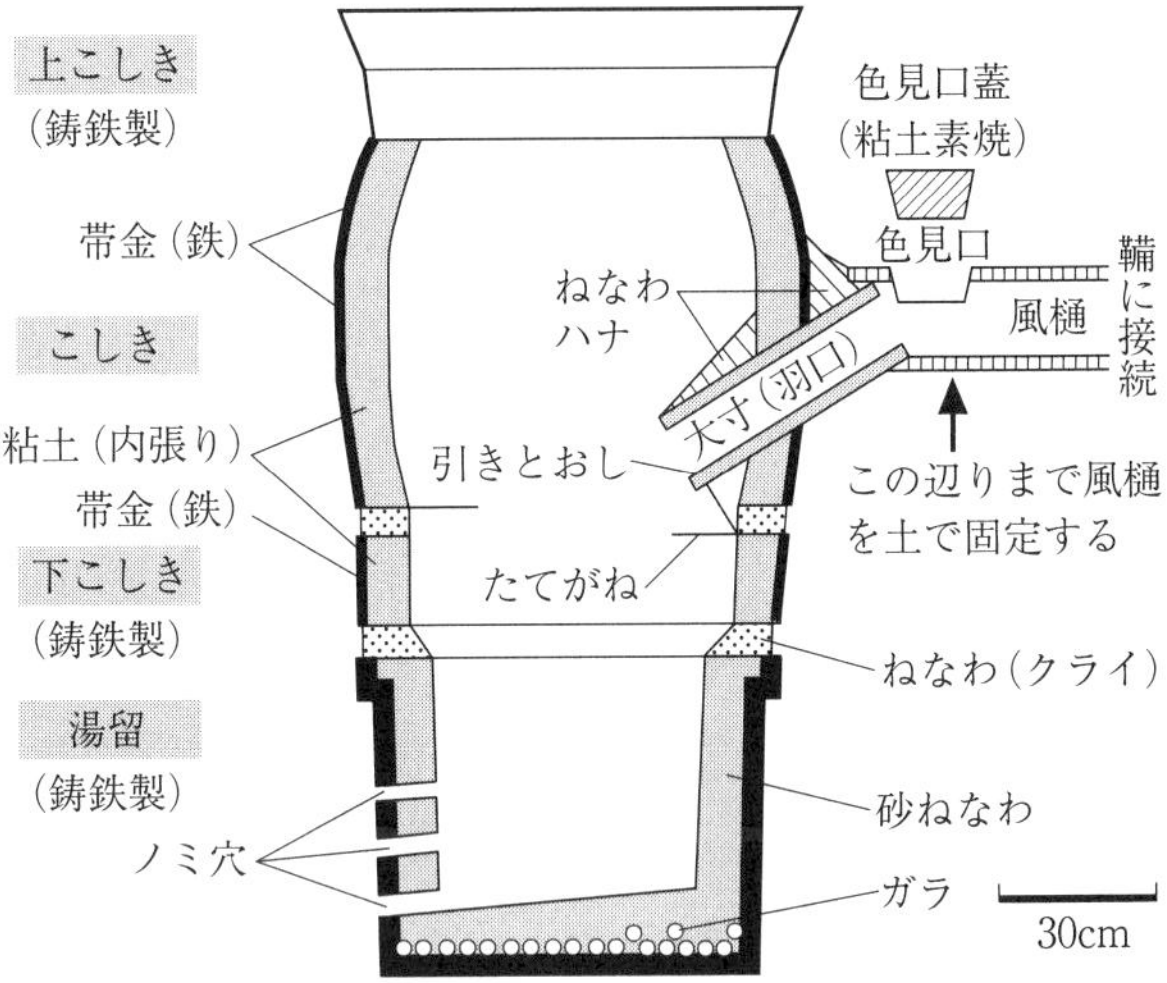

図 13-2　倉吉のこしき炉
倉吉市教育委員会編『倉吉の鋳物師』

では溶銑を溜める。

(1)ルの構造

ルは厚さ1寸（約3㎝）の鋳鉄製の桶である。最初から出湯口の「ノミ穴」が縦3列に開けてある。鋳鉄製の桶の内部に「砂ねなわ」を詰め厚さ2寸5分程度にする。その上に「マネ（真土）」を塗り、続いて濃いハジロ（埴汁）を塗る。20～30分で乾燥した状態になるので、さらにその中で少量の割木を燃して乾燥する。

近江の国（滋賀県）の鋳物師は、乾燥に真木（松の割木）を斜めに立てかけて火種を入れ、筵《むしろ》を被せる。筵を被せると上に火力が上がらず効果的であるという。燃え尽きたら乾燥が終わる。また、「ノミ穴」の数は、梵鐘のように一度に湯を流し出す場合は1個であるが、鍋釜のように小物の鋳造の場合は、湯くみ（杓《しゃく》）に小分けして鋳込むので、その都度穴を開閉しノミ穴が損耗する。したがって、縦に3個や三角形状に3個のもの、菱形に4個のもの、上2個と下3個並列に5個並べたものなど複数必要になる。ノミ穴は内側から粘土が詰めてあり、最初の出湯は「のみ抜き」という長さ40㎝の先の尖った棒でハンマーで叩いて穴を開ける。湯を止める時は松の木で栓をする。特に新芽が立った松ヤニの多く含まれている燃えにくいものがよい。

⑵こしきの構造

こしき作りは、春夏の溶解作業が行われない時期に戸外で行われた。鋳鉄製の外枠は使わない。粘土だけで炉を作り、外側は完成後、帯金を格子状にしたもので補強する。これは高温で粘土の炉壁が裂けることがあるからである。粘土の厚みは3寸程度にし、整形する。これを筵《むしろ》か菰《こも》で覆い急な乾燥を防ぐ。1週間後に炉の内外を叩き締める。この作業を4回繰り返し、形を固定させる。

「大寸《おおすん》（羽口）」を通す穴は粘土がまだ軟らかいうちに開けておく。大寸の筒は素焼きにしたものである。大寸の先端の下には鉄製の「たてがね」を入れ、補強している。また、「引きとおし」は大寸先端の下部の一部を切り取ることで、これにより風の向きを調整した。送風管の「風《かぜ》樋《とい》」先端には「色見口」があり、ここから大寸内を見て、大寸先端のハナに付いているノロなどを除去した。通常は蓋をしておく。

下こしきは厚さ約1寸の鋳鉄製の短い円筒である。その外側を金帯で補強してある。

⑶踏鞴の構造

送風は人力で動かす踏鞴が使われていた。図13－3に近江で使われていた踏鞴を示す。踏み鞴は、土俵で補強された盛土の内側に掘った中央が若干広い長方形の穴の中で、たたら板の中心を軸にシーソー状に上下に動かして風を送る送風機である。両端にそれぞれ3〜4人が立ち、梁から降ろされた縄に摑まって片足を板に乗せ、交互に踏む。

たたら板はヒノキ材の板を横に5枚合わせで作られており、中心の最大幅で1・3m、端で1m、長さは2・4mである。表側は板が歪まないように7本の横木で補強してある。両端の横木は2枚重ねで、釘で止めてあり、板の四隅には摩耗対策として鉄板が張付けてある。この上に足を置く。たたら板の周囲には鹿などの動物の毛皮を張り、その上から薄い板で止めてある。これは、鍛冶屋が使う箱型の吹差鞴のピストンに張ってあるタヌキの毛皮と同じで、板の動きをよくし、空気が漏れないようにしている。

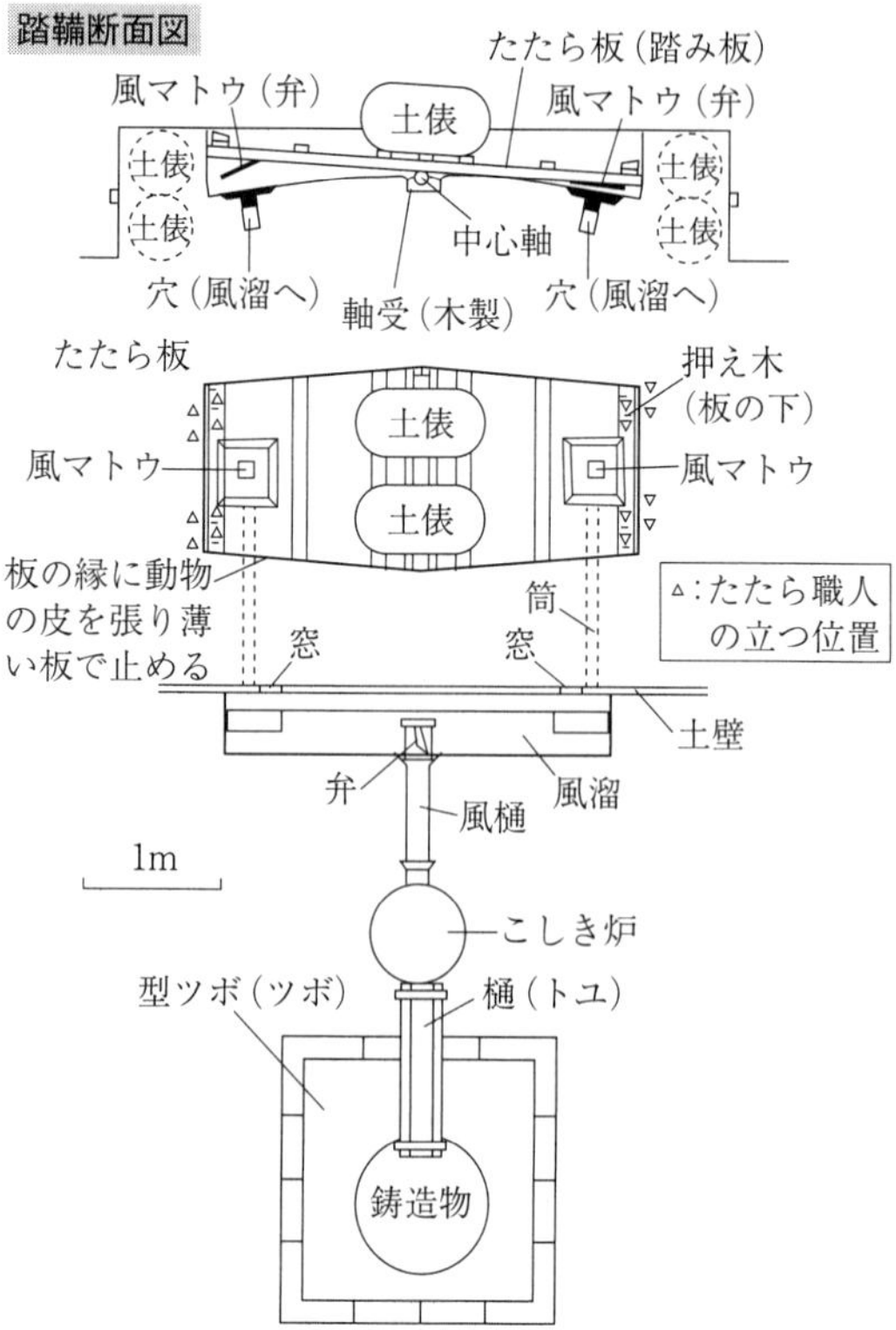

図 13-3　踏鞴
倉吉市教育委員会編『倉吉の鋳物師』

板の両端の中央に10cm角の四角い通風口が2個あり、この裏に「風マトウ」と呼ぶ薄い木の板の一端が糸（麻糸と思われる）で括り付けてあり、開閉弁の作用をしている。板が上がるとき弁が開いて空気を取り込み、下がるとき閉じる。盛土に作られた穴の両端の側面は板が軸を中心に上下に動くため、少し凸面になっている。その中心には中心軸の棒が置かれており、たたら板の支点になっている。風マトウの下の底面に埋めてある管に空気が押し出される。そして、両側の管は風溜りに接続しておりここに風が送り込まれる。

鞴とこしき炉の間には土壁があり、炉からの輻射熱を防いでいる。土壁には窓が2つあり、ここから炉の調子を見た。風溜りは土壁のこしき炉側にある。その中央には弁があり、鞴の両側の管から入ってくる風を風樋に交互に送り出すようになっている。風樋はこしき炉の大寸（羽口）に接続している。

梵鐘など大きな鋳物を鋳込む場合、こしき炉の前に型ツボと呼ぶ穴を掘り、ここに鋳型を設置して、ノミ穴から出た湯（溶銑）を樋（トユ）を通して流した。さらに大きな物を鋳込む場合は、こしき炉を併設した。鍋釜など湯を小分けする場合は、このような型ツボは不要であり、樋も使わない。樋は鉄の外枠の内側に「マネ（真土）」で内張りし、乾燥させて表面に「スバイ（粉炭）」を塗る。

たたら板の上には重い土俵が2個、重しとして載せてある。中心軸から見た踏み込み深さは45cmなので、踏み込みは大きい。鍋釜などの鋳込みで鉄を溶解する時は、午前2時から8時半の6時間半交代なしで踏み続ける。たたら板を踏む時、端の人が音頭を取ってかけ声をかける。3人あるいは4人の組が3組あり、2組が踏んでいる間1組が休む。このシフトで10分踏んで5分休むローテーションを組んだ。踏むリズムはこしきの状態とは関係なく一定であった。

(4)溶解作業

鋳込み日を「吹き」と呼ぶ。準備に2日、溶解と鋳込みに1日で「三日吹き」である。職人の都合、風向き（火事の用心）、材料の用意を考慮して「吹き」を決める。

第1日目はルの準備をする。ルを定位置に設置し、割木を燃してルの乾燥を行う。

第2日目は、大寸を付ける。ルの中にサオ炭を少し隙間を空けて縦に立てる。サオ炭は50㎝長さの白炭で、下こしきの中程まで達する。夕方前に溶解する材料を持ち込み、投入量に合わせて量り分けておく。

第3日目は溶解と鋳込みを行う。朝8時に点火する。サオ炭の上に割木を置き、燃えている黒炭を火種にする。ノミ穴は開いており、ここから自然に風が入ってくる。

午前10時頃、下こしきの上縁にねなわを置き、その上にこしきを載せる。続いてこしきの上に上こしきを載せた。そして、原料投入のための登り台（板）を設けた。吹きが始まると炉が高温になるので作業員は急いで登り、素早く原料を投入して離れた。

大寸の先まで埋まるくらいに割った白炭（バラ）を入れる。炭はさらに燃焼してくる。

午前12時頃、燃焼した白炭をこしきの膨らみ辺りまで補給する。続いて小さく割った地金と白炭を交互に入れていく。地金約1貫200匁（4・5kg）と等量の炭を入れ、湯を出す前までは常に地金と炭が山盛りになっている状態にする。12時半頃になると青い炎が白くなってくる。

午後1時、炉内が白熱化してくる頃、ノミ穴にスバイとハジロを練り合わせた土を押し詰めて塞ぐ。また、色見口の蓋をする。ここで拍子木の合図があり、たたらを踏み始める。すると5分程で地金が溶け始める。色見口から観察すると、初めは紡錘形の湯玉が間隔をおいて落ちるが、温度が高くなるにつれ湯玉が丸くなり、ひっきりなしに落ちる。投入する地金は順に1回に200匁（750g）ずつ増加し、1回の投入量を2貫目（7・5kg）まで増やす。鉄が溶け始めると炎は次第に赤みを帯びて「沸き花」を発生し、溶解が終了する頃には赤い色になる。

ルに湯が溜まると、ノミ穴の下に湯くみを置き、鉄棒でノミ穴を突いて開ける。この操作は「せせる」と呼ばれる。最初は良い湯が出ないので、受けた湯を炉に戻す。これは湯の温度が低いためで、適温になるまで湯返しを繰り返す。

湯の色があずき色になり、温度が適温に達すると鋳込みを始める。薄物の鍋釜を先に鋳込み、厚物の大釜や風呂釜は後にする。大型の鋳物では2人で持つ大取鍋で湯を受け型に流す。

最初、湯はいちばん上のノミ穴（一番ノミ）から出す。湯の量が減り、ノロで穴が塞がると、一番ノミを塞ぎ、二番ノミから湯を出す。最後は三番ノミを用いる。

⑸原料と木炭

炉を築くねなわには粘土を用いるが、各地で採れる粘土を使っている。近江では信楽焼《しがらきやき》に使う白い粘土を用いていた。倉吉では長坂の瓦土が使われた。川口では荒木田土が使われた。いずれも鋳型に使われる粘土である。

倉吉の斎江家では原料の白銑69％に古金31％を加えている。この理由として、「鋳物の金気を出にくくするためである。しかし、あまり多く入れると炭素が少なくなり、湯の流れが悪くなり、できた鋳物も脆くなる」と述べている。銑は出雲や石見の近在のたたら場、あるいは大阪から運ばれた白銑を使った。

吹きの炭は白炭である。火力が強く銑の溶解に適している。黒炭は鋳型の型焼きやこしきの予熱に用いる。白炭と黒炭は木を炭窯の中で蒸焼きにした後、消火する方法が異なる。白炭は、窯の中で炭化した段階で窯口を少しずつ開けて空気を入れ、不純物を一気に燃焼し尽くす「ねらし」を行う。その後、真っ赤に加熱した状態のまま窯口から外に出して、灰などをかけて消火し冷却する。一方、黒炭は炭化が終了した後、窯口や煙道口を密封し、冷却後窯から取り出す。斎江家では明治の初め、吹きを秋から冬にかけて行い、銑９０００貫（約34ｔ）に対し、白炭と黒炭をそれぞれ９０００貫ずつ用いた。白炭の原木は「アベマキ」が多かった。

■現代のこしき炉

(1)炉の構造

筆者は、２００７年6月29日に盛岡市鈴木盛久工房を訪問しコークスを燃料とするこしき炉を調査した。

図13－４に現代の「こしき炉」を示す。炉は４段になっており、分解できるようになっている。各段は、上から上こしき、こしき、胴こしき、ル鉢である。

図13-4　現代のこしき炉

いちばん下には「ル鉢」と呼ばれる銑鉄を溜めるルツボがある。鉄板でできた桶で庇《ひさし》が付いている。内側に耐火粘土を張る。炉底位置の３ヵ所に１２０度の間隔で出銑口があり、その一つの上方12㎝の所にノロ出し口がある。

その上に「胴こしき」を載せる。庇との間の繋ぎ目に「くれ」と呼ぶ耐火粘土を40㎜程置く。胴こしきは鉄板製で二重になっており、風袋が作ってある。胴こしきの内側には耐火レンガを張りモルタルで固定する。羽口は胴こしき下部の3ヵ所で出銑口の上に設置してあり、風箱で予熱した風を炉内に吹き込む。羽口の風箱側にはのぞき窓が作られており、羽口の掃除ができると同時に炉内状態を観察できるようになっている。通常は鉄製の蓋がしてある。

「胴こしき」の上に「くれ」を挟んで「こしき」を載せる。これも鉄板製の筒で、内側に耐火レンガを張りモルタルで固定してある。ここには「湯返し」という口が付いており、銑鉄の温度が低い時や、注湯後余った銑鉄を戻す時この口から溶銑を入れる。この「湯返し」は東北地方のこしき炉の特徴で、関東以西では使われていない。

「こしき」の上に「くれ」を挟んで「上こしき」が載っている。これも鉄板製の筒で、内側に耐火レンガを張りモルタルで固定してある。さらにその上に朝顔状の鉄板の覆いが載っている。送風はブロワーで胴こしきの上の管から入れ、風袋で予熱して、胴こしき下部の3本の羽口から吹き込む。これらは操業の3日前に粘土等を塗り乾燥させる。

⑵ 操業

操業は、まず、ル鉢に太い雑木の白炭を縦に詰める。白炭は「一夜炭」とも呼ぶ。10時15分、燃焼している炭を胴こしきの上端までいれ、点火する。ル鉢の木炭が勢いよく燃焼し炎が高く上がる。下の出銑口3ヵ所は開いたままである。12時、こぶし大の木炭を羽口辺りまで入れ、さらにこぶし大のコークスを炉いっぱいに入れる。ノロ出し口と2ヵ所の出銑口を粘土で塞ぐ。この粘土は黒鉛ハッチと木炭、鋳物砂を混合して水で練ったものである。これを直径5㎝程の松の丸棒の一端に円錐状に付け、これを穴に押し込むようにして塞ぐ。湯返し口にも蓋をする。

13時9分、送風を開始する。炎が開いている1ヵ所の出銑口から勢いよく2m程水平に噴き出し、時々木炭粒も飛び出す。第1回目の細かい銑鉄2kgを入れ、さらにコークス2kgと石灰石300gを入れる。炎の高さは1m程で、出銑口からは炎が20㎝程出ている。最初4回装荷する原料はこの割合である。13時17分、白い火花を含んだ炎とともに銑が流れ出した。流れ出るままにする。これを「初湯」と呼ぶ。13時18分に第2回目、13時21分に第3回目、13時25分に第4回目を入れ、出銑口を粘土で塞ぐ。

13時30分に流出し固まった銑を炉に入れる。出銑口前に鋳型を置く穴を掘る。13時34分に第5回目、大きめの銑鉄3・5kg、コークス2kg、石灰石300gを装荷する。それ以後16回同じ配合で装荷する。出銑を行い、粘土を張った柄杓に溶銑を受けるが、湯返し口から炉に戻す。この操作を溶融銑鉄の温度が鋳込みに十分な流動性と温度を保持するまで行う。適切な条件になると鋳型をセットし、鋳込む。余った溶銑は直ちに湯返し口から炉に戻す。途中で、ノロを出す。ノロの流れ具合を見て石灰石の量を調整する。最後は、残り湯を柄杓で受けて砂で作った溝に流し、15時25分に送風を停止した。

結局、約8分間隔で銑鉄塊2kgを4回と3・5kgを16回入れ、さらに流し銑2kgを入れたので合計66kgを溶解した。コークスは30kg、石灰石は4・5kg消費した。

■永田式こしき炉

(1)炉作り

こしき炉の大きさは、明治期と現代のこしき炉の中間を取って、炉の高さに対する炉の内径の比を約4に設定した。炉は通常の大きさの直方体の耐火レンガで築いた。図13-5に永田式こしき炉を示す。羽口は1本とし、冷風をブロワーにより連続的に吹き込む。

炉の構造は、永田式たたら炉と同じである。炉下部には内法レンガ1枚分の箱を作り、耐火モルタルと木炭粉末を1対1(容量比)で混合し水でよく練った粘土を詰めた。この位置を炉底とした。その上にレンガ3枚分の高さで内部に炉底の粘土を厚く塗って、炉下部中央に直径150㎜、深さ130㎜のルツボのルを作り溶銑溜めとした。炉の長辺側の炉底から3枚目のレンガの中央に内径1インチ(25㎜)の鉄管1本を斜め下、約20度の角度に設置し羽口とした。羽口管には塩ビ製のT字管ののぞき窓を取り付け、炉の内部を観察できるようにした。羽口は炉内に約50㎜突き出し、同じ粘土で厚く覆い保護した。羽口と反対側の炉底に内径20㎜のアルミナ管を外側に少し傾斜させて設置し、出銑口とした。出銑口の前にはレンガで囲った砂場を作り、ここに溶銑を流し出した。また、炉底は出銑口側が低くなるように少し傾斜を付けて銑鉄を流出し易くした。炉内の深さは1・23mである。

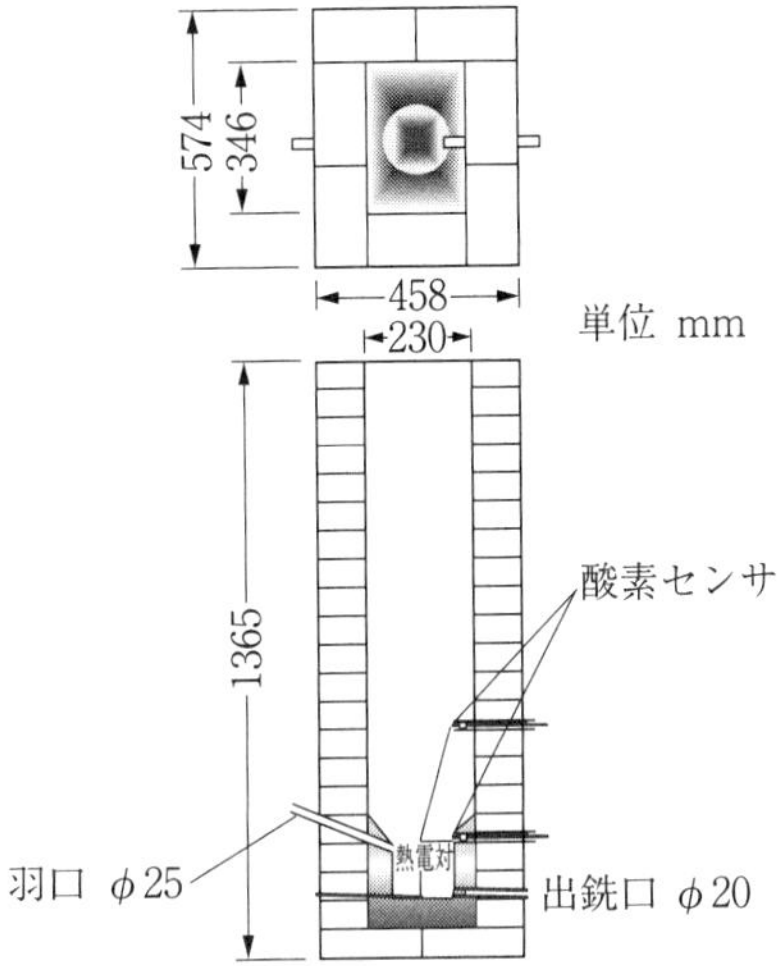

図 13-5　永田式こしき炉

(2) 操業

2008年1月24日午前12時に炉内に松炭を装荷した。木炭に点火した後、空気の吹き込み量は、木炭の燃焼速度を10分に約2kgの速さに調整した。松炭はこぶし大の大きさに切り出した。

午後2時、第1回目の銑鉄塊数個を1kg装荷した。午後2時半、2回目の銑鉄を装荷した。その後午後3時まで銑鉄塊を1kgずつ10分おきに装荷し、合計5kg入れた。銑鉄が溶け始めると炉から出る炎に混じって白い火花が盛んに出始めた。

午後3時半、出銑開始。出銑の状況を口絵

写真4に示す。出銑口の粘土を鉄棒と金槌で突き、溶融銑鉄を砂場に流し出した。

午後4時、送風を止めた。出銑した量は4・8kgで投入量の96%であった。

「沸き花」は鉄が溶解すると発生する。鉄と鉄を接合するとき接合面を溶解して濡れた状態で鍛接する。この時にも「沸き花」が重要な指標となる。次章では鍛接における「沸き花」について述べる。

第14章　鍛冶屋のわざ

■鉄と鉄を接合する

原料には日本美術刀剣保存協会の玉鋼1級品および2級品を用いた。

鍛冶の作業場の様子を図14－1に示す。鍛冶の火窪《ほど》は幅約7寸（約21cm）で、刀匠の座る「横座」から見て火窪の左手に吹差鞴が置かれ、右手に金床が設置してある。火窪と金床の間に藁灰があり、さらに金床の右手には水桶が置いてある。鞴から鉄管を通して、炉の中央部に設けられた羽口に送風している。火窪の構造は、図12－1とほぼ同じである。羽口先端は耐火粘土で作られており、炉壁から約2cm突き出ている。羽口の下の炉底はこぶし一つ分窪ませてあり、手前と後部では羽口上約2cmのレベルに炉床がある。したがって、手子を水平に置くと羽口の上約2cm辺りに被加熱物が位置する。

吹差鞴は木製で、横置きした箱型のシリンダー内の空気を木製のピストンで羽口に押し出す。

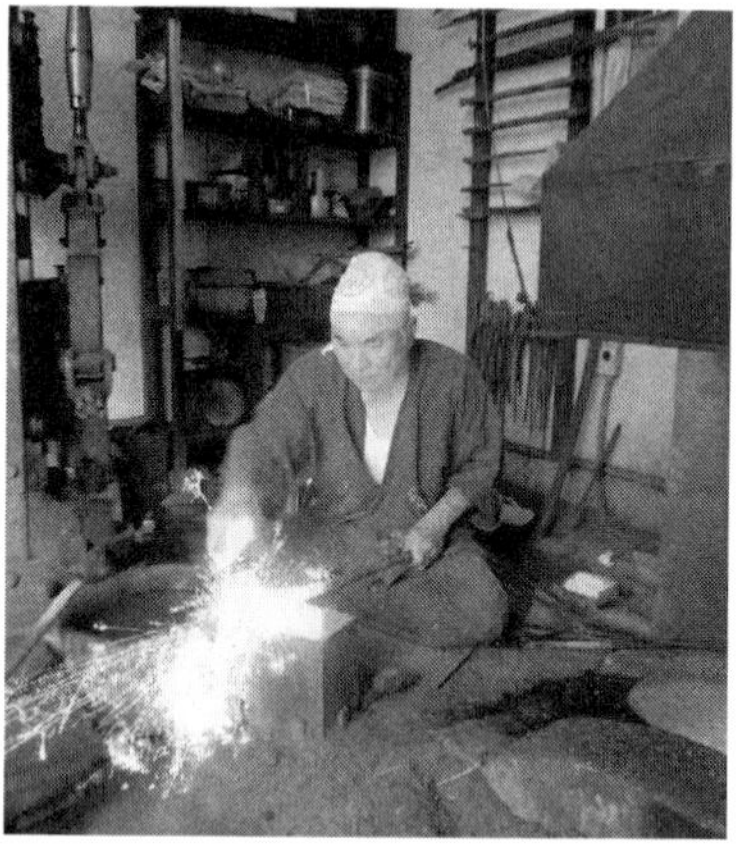

図14-1　鍛冶屋

シリンダーには吸気弁と排気弁が前後にあり、ピストンの押し引きごとに空気が押し出される。ピストンにはタヌキの毛皮が張ってあり、空気の漏れを防止し滑りをよくしている。また、木製の柄が付いており、刀匠は左手でピストンを動かして空気の勢いを制御し、右手で手子や木炭を覆った状態を鉄製の道具で操作する。金床は幅約10㎝、長さ約30㎝、高さ30㎝で表面は平滑で水平になっている。金床の長手方向が横座に面するように設置してあり、鍛接の際移動しないよう地下に約50㎝埋めてある。

⑴積沸し鍛錬

「積沸し鍛錬」は次のように行った。鋼塊を火窪で加熱して金床上に載せ、金槌で鍛造して厚さ約10㎜程度の板状にした。これを水冷して数㎝の大きさに砕き、その破面の状態から炭素濃度を大まかに分類した。破面が細かく光る劈開《へきかい》破断する場合は炭素濃度が高く、引き千切れたような破断面の場合は炭素濃度は低い。手子棒は約2㎝角で長さ70～80㎝である。その先端に、長さ約

10㎝、幅約6㎝、厚さ約10㎜の鍛造する材料と同じ材質の鋼の台皿を鍛接した。この皿の上に板状の鋼片をなるべく隙間が少なくなる様に組み合わせて約11段、約10㎝に積み上げた。これを厚手の和紙で包み、濡らし、藁灰を全体にまぶして泥をかけた。

火窪に木炭を装入し、積沸しの準備ができた手子を羽口のすぐ上の木炭上に静かに置き、手子棒を重しで固定して木炭の燃焼中に傾かないようにした。その上に約3㎝角に切った木炭を山盛りに覆い、鞴で送風した。炉底に火種があるのですぐに木炭が燃焼した。積み上げた鋼材全体が均一に加熱されるよう昇温した。

最初は、木炭が燃えて出る一酸化炭素ガスが燃焼するときに出る青から紫色の炎が出る。10分程で炎の色は黄色に変わる。さらに10分程経つと炉内からジュジュという沸騰音が聞こえ、炎の色は橙色になり、炎の中に白い火花「沸き花」が出る。「沸き花」は鋼材の先端から出始める。鞴での送風を止めて様子を見る。炎の先に毛髪が逆立ったように火花の列が見える。さらに5分程送風を続けると「沸き花」は盛んに出始め、次第に手前に移ってくる。そして、口絵写真6に示したように、積み上げた鋼材全体から出るようになる（カバー写真も同じ）。

鞴の送風を止めても全体から盛んに出る「沸き花」は収まらない。この時点で、手子を慎重かつ速やかに炉から取り出すと口絵写真6に示すように鋼材から「沸き花」が盛んに出ている。これを金床の上に置き少し重い金槌で軽く2、3回叩いた。これを「仮付け」と呼ぶ。火花を長く勢いよく発生させると鉄が酸化してできるノロが炉底に溜まり、鋼材の重量が減少する。仮付けした後は手子を横にしても積沸かした鋼片は崩れない。

次に「本付け」を行う。鋼材に藁灰をまぶし泥をかけて火窪の羽口上に置いた。この上に木炭を山盛りにかけて送風し再び加熱した。10分程で「沸き花」が出始めた。鋼材を反時計回りに180度回転させた。これを「手子返し」と言う。手子返しを数回繰り返し、「沸き花」の出方が均一になるのを待って、手子を取り出した。手子を電動のスプリングハンマーを用いて打ち、完全に鍛接すると同時に、形を矩形にまとめ、2倍に延ばした。そこで中心近傍に鏨で数㎜を残して切れ目を入れた。これを水で濡らした金床上に置き、切れ目の入っていない面を下にして金槌で打つ。水蒸気爆発のパンという音がして表面に付いたスケールが飛ばされる。切れ目を金床の角に当て、金槌で折り曲げ切れ目が入っていない面同士を金槌で打って密着させる。

仮付けと本付けで1回の鍛錬である。現在は、電動のスプリングハンマーを用いるが、これができる前までは、また現在でも儀式では、金床上に置いて向槌3人が大金槌で順番に打ち回し鋼材を鍛錬した。

(2) 折返し鍛錬

続いて折返し鍛錬を行った。再び藁灰をまぶし泥をかけて火窪で加熱した。仮付け、本付けの工程は積沸し鍛錬と同じである。手子返しを行い、「沸き花」が盛んに均一に出たところで取り出し、鍛接を行った。鍛錬の回数は、鋼材の質と製品の種類によって異なる。日本刀の外側になる皮鉄《かわがね》は下鍛え約5回と上鍛え約5回の約10回鍛錬を行い、皮鉄の中に挟み込む心鉄《しんがね》は約5回折返し鍛錬を行った。線材や、鎧の小札《こざね》等に使う厚さ1㎜程度の鋼板では、鍛錬は1、2回である。包丁や鎌、鏨、鉋《かんな》等の刃物は、包丁鉄で作る台鉄に鋼を鍛接して刃にするが、これらは4回程度鍛錬されている。

鍛錬中、黄色く加熱した鋼材の温度が少し下がってくると表面に少し赤黒い部分がでる場合がある。この部分を「ふくれ」と言い、接合が不完全な部分である。ここに鏨などで穴を開け、藁灰をまぶし「沸き花」が出るまで加熱して鍛造すると完全に接合しふくれはなくなる。

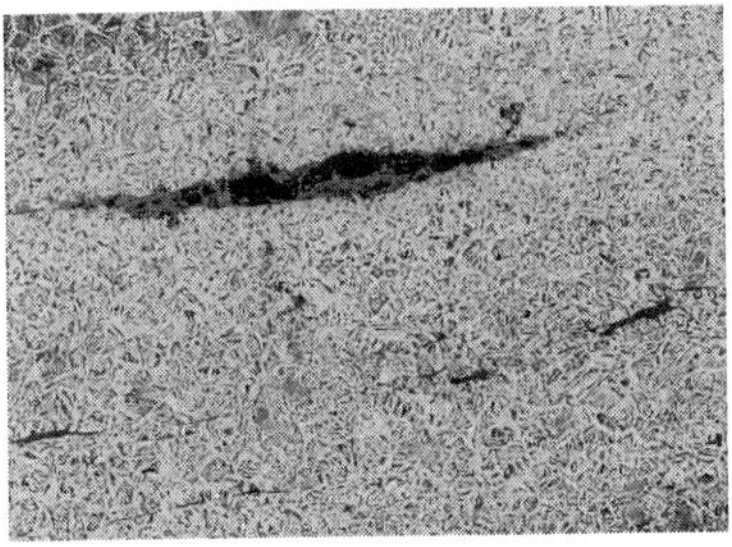

図14-2　鋼ブロック中の鋼板の間に残ったノロ

■鉄の表面に模様を出す

日本刀は折り返し鍛錬により10回程度練り、鋼の平均炭素濃度を0・6～0・7％にする。これにより炭素濃度の濃淡領域は細かく分散すると同時に、図14－2に示すように炭素が拡散

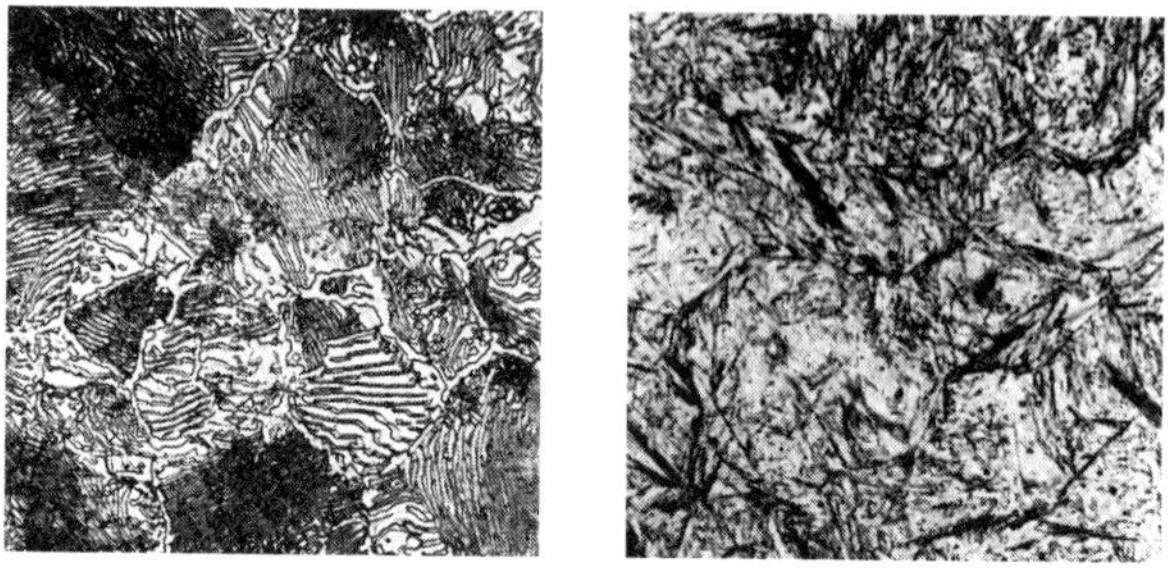

パーライト組織　　マルテンサイト組織

図14-3　パーライトとマルテンサイトの金属組織（670倍）
佐藤知雄『鉄鋼の顕微鏡写真と解説』より

して接合面は完全に溶接されている。白い部分は炭素濃度の低いフェライト組織で、その両側にある黒い部分はフェライトとセメンタイトが層状に析出したパーライト組織である（図14－3）。また、その面には微細なFeO介在物が鍛接面に沿って残留している。

焼入れでは焼刃土を刃側に薄く塗り、棟側に厚く塗る。薄い部分は冷却速度が速く、焼きが入ってマルテンサイトに変態する（26ページ参照）。一方、厚く塗った棟側は焼きが入らない。この境目が刃文になる。刃文では冷却速度が刃側から棟側に遅くなり、その冷却速度の違いで様々な鋼の結晶が析出する。

分散したFeO介在物は、刀剣の表面に「地肌」と呼ぶ模様として現れる。これを図14－4に示す。鍛錬の折り返す方向を縦だけで繰り返すと、模様は「柾目《まさめ》肌」になる。縦と横を交互に繰り返すと、「板目《いため》肌」や「杢目《もくめ》肌」になる。また、下鍛が終わった時に、鋼材を幅5分

（15㎜）、厚さ2分（6㎜）程度の板にして、長さを2寸半（75㎜）程度に切り揃える。上鍛でそれらの板を台皿の上にびっしりと並べ積み上げて積沸し鍛錬から折返し鍛錬を行う。縦、横、斜め等の並べ方により様々な模様が現れる。

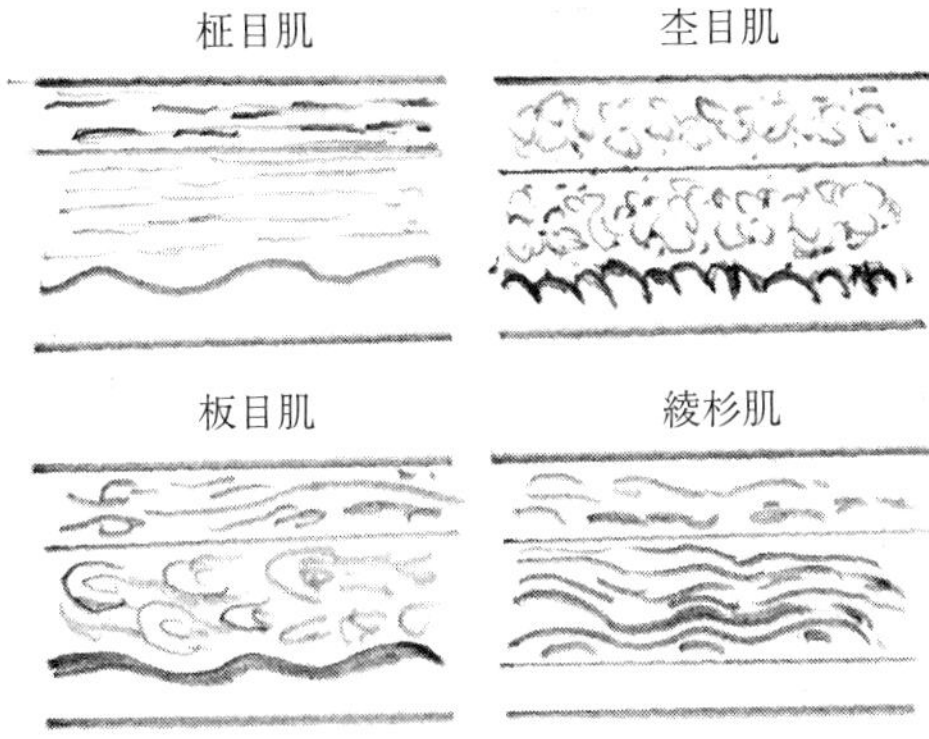

図 14-4　日本刀の地肌に現れる模様

「地肌」はFeO介在物で研磨により凹部を作るので、光を乱反射して白く見える。これとよく似ているが黒く光る「チケイ」と呼ばれる模様がある。これは焼き刃近くに現れ、色々な形状をしている一種の肌であり名刀に多い。俵は、チケイ部が炭素濃度約0・8％内外の粒状ソルバイトで、炭素濃度が0・1％程度低い粒状パーライトとの混在からなると結論付けている。ソルバイトはα－鉄とセメンタイトが層状になった混合物で、一種の微細パーライトと見なされる。焼入れで生じるマルテンサイトを500～600℃で焼戻しした時、あるいは焼入れの際600～650℃で変態を生じさせた時に得られる組織である。パーライトより硬くて強靱で衝撃抵抗が大きい。また、ソルバイト塊は腐食されると濃黒に着色する。

「綾杉《あやすぎ》」模様もチケイでできている。チケイは炭素濃度が少し高い地鉄を混入して鍛錬すると現れる。この時注意することは、鍛錬および焼入れ温度をできるだけ低くし、細かいFeO介在物を接合面に残すことである。綾杉では硬柔両方の鋼を相重ねて鍛錬する際に多くのFeO介在物が接合面に残るので、肌目が明瞭になると同時に鋼の炭素濃度の差が模様として現れる。

刃文中には「沸《にえ》」と「匂《におい》」と呼ぶ模様があり（口絵写真8）、地肌にはチケイのほかにも「映《うつ》り」や「地沸《じにえ》」と呼ぶ模様がでている。これらは「地肌」と違い金属組織で現れる模様であり、微細なFeO介在物の並びで現れる地肌の模様とは異なる。

刃文は細かい粒の連続でできている。粒子が肉眼で光って見える程度の大きさで、地肌との区切りがはっきりとしないが刃先にかけて白く輝いて見える刀は「沸本位」あるいは「沸出来」と呼ぶ。沸は刀身に垂直に光線を反射させると「塗物に銀の砂子を振りかけた」ように見える。

一方、肉眼では見えない細かい粒子でできており刃文が線状に現れ地肌との境がはっきりしている刃文は「匂本位」あるいは「匂出来」と呼ぶ。刀身面に20～30度の角度で光線を当て、反射する光線に透かして見ると「焼き刃境より刃先へボッと春霞が棚引く如く又白く烟《けむり》の如し」と見える。

俵は、金属組織学的にこれらの模様を研究した。刃部は全体がマルテンサイトである。沸や匂の粒はマルテンサイトであり、その周囲はトルースタイトから成っている。トルースタイトはα鉄と極微細なセメンタイトとの混合物である。沸出来の場合は、マルテンサイトの粒が大きく、トルースタイトあるいはソルバイトは比較的少ない。俵は「沸の大きさは径が０・３㎜に達するものもあり、刀身において殊に光沢を有す」と述べている。マルテンサイトは周囲の組織と比べ硬度があるので、研磨により光を反射して光沢を持つ。周囲のトルースタイトは比較的軟らかく腐食され易い。匂は、比較的量が多いトルースタイトの中にマルテンサイトの細かい粒が混じっている状態なので、研磨により凹凸を生じ光を散乱するので黒く見える。それと比べるとソルバイトやパーライトの変色は少ない。

以上のように、接合においても「沸き花」は鉄の表面が溶解する時に発生することがわかる。その時必ず鉄の酸化反応熱で温度が上昇している。次章では、どのように「沸き花」が発生するかについて述べる。

第15章 「沸き花」の正体

我が国のたたら製鉄や鍛冶の技術は、前近代製鉄法である。前近代製鉄法では鉄の生成時や大鍛冶工程での鋼の溶融と脱炭、鍛冶工程での鉄の溶接時に、必ず「沸き花」という白い火花が発生する。この「沸き花」はどのような原理で発生するのであろうか？　まずそれぞれの炉内の状態を調べてみよう。

■たたら炉で銑鉄と鋼塊の生成を知る方法

(1)鉄の生成を知る

実際にたたら炉内の状態はどうなっているだろうか？　著者は、炉内の温度と酸素分圧を測定する酸素センサーを作製し測定した。酸素分圧とは酸素ガスの圧力である。この酸素分圧をそれに対応した一酸化炭素ガスの濃度比で表すこともできる。

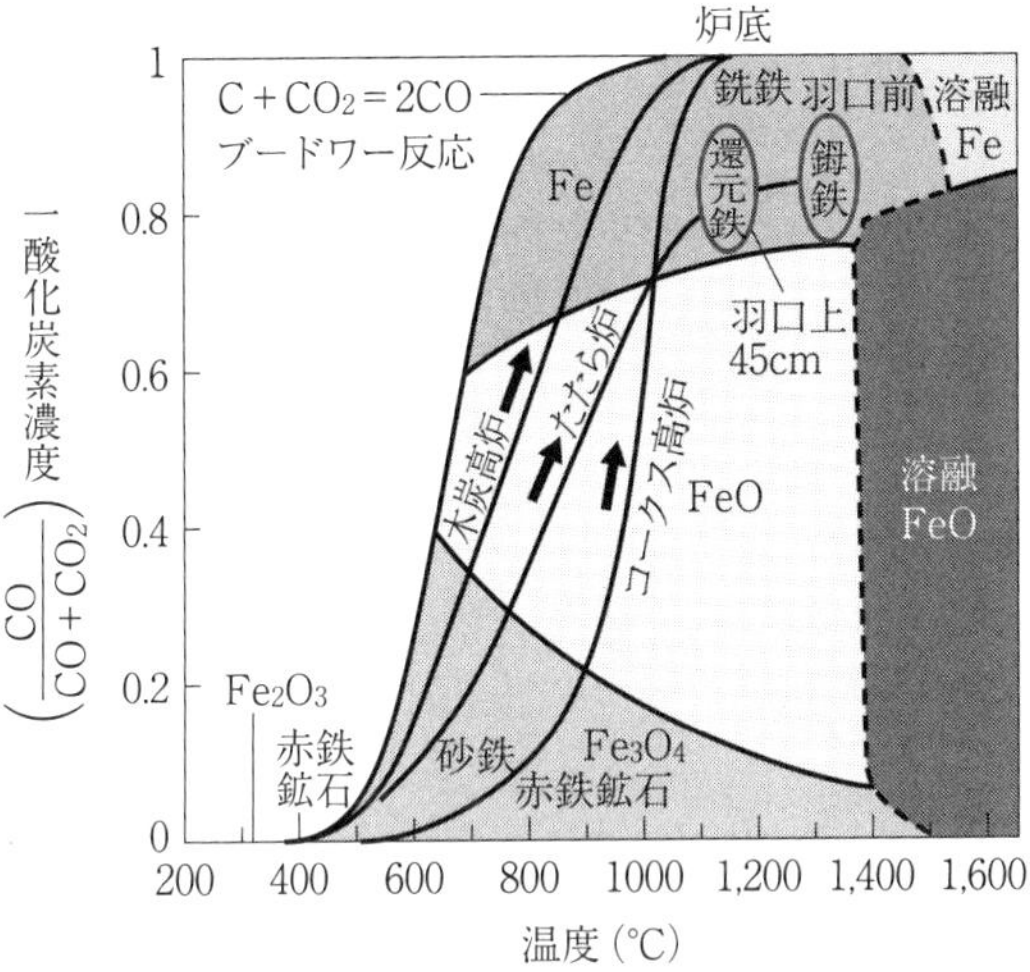

図 15-1　酸化鉄の還元・浸炭過程

炉内の温度と一酸化炭素ガス濃度比の関係を図15－1に示した。この図は、縦軸を一酸化炭素ガスの濃度比、横軸を温度（T（℃））に取った図で、温度と一酸化炭素ガス濃度比の状態に対し、どのような種類の酸化鉄が安定に存在するかを示した図である。この図に木炭とコークスを還元剤に用いた場合に、鉄鉱石が炉中でどのような状態を経るかを示した。

木炭を用いた場合、390℃でFe_2O_3からFe_3O_4が生成し始め、690℃でFeOが、840℃で鉄が生成し始める。そして、1154℃で木炭との接触により銑鉄が生成し始める。すなわち、840℃以上で鉄が生成し、1154℃以上で銑鉄が生成する。一方、コークスを用いた場合は1000℃で鉄が生成する。木炭の方がより低い温度で還元が起こっていることがわかる。これは木炭のブード

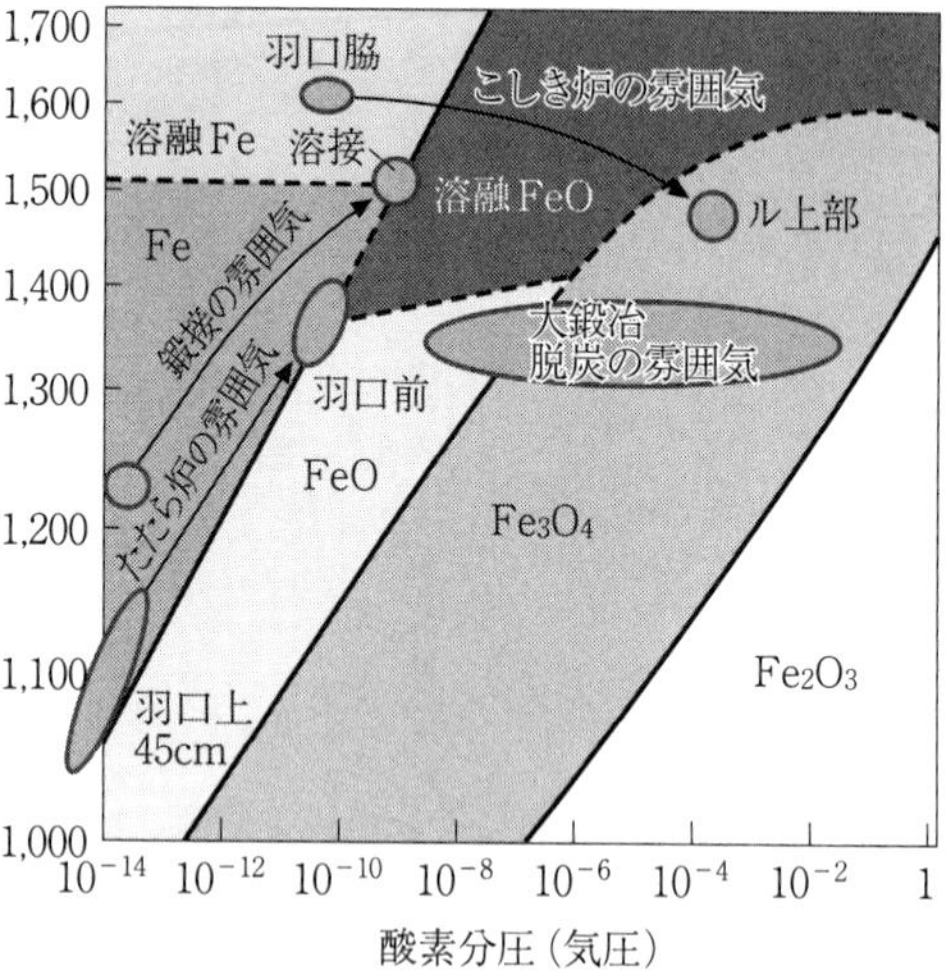

図 15-2　炉内の状態

ワー反応がコークスのブードワー反応より速いからである。一方、たたら炉内では木炭を用いて砂鉄を還元するが、砂鉄は難還元性のマグネタイトのため約1000℃で鉄への還元が起こり、溶鉱炉とは異なった経路をたどる。たたら炉内の状態は、羽口上部では鉄が安定な状態であるが、羽口前は温度が約1400℃で、酸素分圧は約1×10^{-11}気圧である。この状態の変化を図15－2に示した。この図は図15－1と同じ意味を持っているが、一酸化炭素ガス分圧比の代わりに酸素分圧を用いて、鉄と酸化鉄が安定に存在する条件を表している。たたら製鉄では羽口上部で還元が起こり、さらに鉄が炭素を吸収し始め、羽口前面の壁近傍では鉧塊や銑が生成する。この状態は、鉄とFeOが共存する雰囲気の近くにあり、脈石のケイ

組成（mass%）	C	Si	Mn	P	S	Ti
銑（價谷たたら）	3.63	Trace	Trace	0.10	0.003	Trace
鉧*（砺波たたら）	1.32	0.04	Trace	0.014	0.006	Trace

*玉鋼　Trace：微量

表 15-1　銑と鉧の成分組成（%）

砂（SiO_2）や酸化チタン（TiO_2）などは還元されずノロ（スラグ）に溶解する。リンや硫黄も酸化物の状態で気化するので、鉄の中にはほとんど溶解しない。これらの脈石は鉄が還元されるよりもっと低い酸素分圧、すなわち強い還元性の雰囲気でないと還元しないので、SiやTiとなって鉄に溶解することはない。表15－1に明治30年頃の銑と玉鋼の化学分析値を示す。炭素濃度が高いにもかかわらずシリコンやマンガン、チタンの濃度は非常に低く、リンや硫黄も現代の溶鉱炉でできる銑鉄の値それぞれ0・11％と0・04％と比べると低い値になっている。

炉内は木炭が詰まっているので、ブードワー反応の速度が非常に速ければ、温度が上昇するにしたがって炉内の状態は図15－1中のブードワー反応と記した線に沿って変化するはずであるが、ブードワー反応が酸化鉄の還元速度より遅いため一酸化炭素ガスの供給が遅れ、一酸化炭素ガス濃度は低い状態で変化する。あるいは高めの温度で還元が始まる。

鉄ができているかどうかは、炉上部から出る炎に時折白い火花が観察されることで分かる。これは鉄に還元された砂鉄粉末が吹き上がり、空気と接触して酸化する時に大きな反応熱が発生するため約1300℃の高温になり、白く発光する細い小さな火花になるからである。

(2)溶けた銑鉄や鋼塊ができた証拠

鉄鉱石が還元して鉄になっても砂鉄はやはり微粉であり、赤鉄鉱石を砕いて使っても小さな塊の鉄になるだけである。これが大きな鉄の塊になるには溶けて互いに融着しなければならない。しかし、鉄の融点は1536℃であり、木炭燃焼のたたら炉ではこのような高温は得られない。ところが、鉄中の炭素濃度が高くなると、鉄の溶解する温度が下がる。

固体の鉄中に炭素が溶け込む現象を浸炭と言う。鉄中への浸炭は、従来一酸化炭素ガスが鉄の表面で分解し、炭素が鉄中に溶け込む現象であると考えられてきた。しかし、たたら炉内の酸素分圧が高い雰囲気では、一酸化炭素ガスはほとんど分解せず、鉄への浸炭は起こらない。

たたら炉で生成した鋼塊の組成は炭素濃度が1～1・5%あり、羽口前の温度は1350℃である。この炭素濃度の鉄の一部は溶解し固体と液体の共存状態にある。さらに炭素濃度が3・5%の銑は1350℃では液体である。このように、たたら炉の中では砂鉄が降下するおよそ30～40分の間に、砂鉄の還元とそれに引き続き還元した鉄に炭素の吸収が起こっている。では、一酸化炭素ガスから浸炭が起こっていないとすると、どのような機構で炭素を吸収するのであろうか？

電解鉄（純鉄）を一酸化炭素ガス中で加熱しながら直接グラファイト（炭素）片に接触させると、１１５４℃で接触点に小さな液滴が生成する。液滴は非常に短時間で液相を増加させ、電解鉄とグラファイト片との界面に流れてこれらを密着させる。そして、界面にできた溶融銑鉄層内の大きな対流に乗って、グラファイトから電解鉄に炭素が急速に移動し、短時間で銑鉄が生成する。この現象を吸炭という。溶融鉄層内の対流は、銑鉄とグラファイトおよび銑鉄と鉄の界面張力の差で起こり、「マランゴニー対流」と呼ばれている。さらに、電解鉄表面に酸化鉄（FeO）があると、液相中に一酸化炭素ガスが発生し攪拌するので、溶解速度は数十倍に加速される。

鉄中の炭素濃度が高くなると、融点が下がるので、より低い温度で操業する方が炭素濃度の高い溶融銑鉄が得られる。また、低い温度で製鉄を行うと、鉄中のリン濃度を低くできる。したがって、炉の温度を上げ過ぎないように注意しなければならない。強く送風すると羽口前で脱炭が起こり、炭素濃度の低い鉧塊ができる。炉の高さを高くして強く送風すると、浸炭の領域が長くなり溶融銑鉄が得られ易くなるが、同時に脈石も還元されて純度の高い銑は得られない。特にリンや硫黄の濃度が高くなる。これは溶鉱炉でも同じである。

還元した砂鉄は、羽口上部から羽口前にかけて、加熱した木炭と接触して直接炭素を吸収し溶融銑鉄粒となる。したがって、炭素濃度の高い鉧塊や銑を生成するためには、１・２ｍの炉を粘土やレンガで作って高温領域を長くし、時間をかけて砂鉄を降下させて滞留時間を長く取る。そして炭素を吸収する時間を長くすることが重要である。また、羽口前の温度は1350～1400℃が適切である。

このように、たたら炉内では、酸化鉄だけを還元する程度の比較的高い酸素分圧の雰囲気にある一方、還元した鉄は木炭との接触により炭素を急速に吸収するという、一見矛盾する状態で銑鉄や高炭素鋼の鉧塊を生成している。

炭素を吸収し一部あるいは全部が溶解した鉄粒は、合体してより大きな粒になり降下する。羽口の前まで来ると、空気中の酸素で表面の鉄が酸化される。この時の反応熱で表面の温度が上がり明るく光る（口絵写真5）。鉄粒はさらに降下し、炉底にできている溶融スラグのノロの溜まりに落ちる。一般に金属の鉄と酸化物は濡れ性が悪く、互いにはじいてしまうが、鉄粒の表面が酸化しFeOで覆われているとノロとの濡れ性がよくなって、鉄粒はノロの中に取り込まれる。溶けた鉄粒は表面張力が働いて互いに凝集しながら大きくなり、鉧塊に付着してオーステナイト固相を晶出し鉧塊を成長させる。同時に残った溶融銑鉄中の炭素濃度は高くなり、融点がさらに下がってノロと一緒に炉底に流れる。ノロは鉧塊を包み込むように炉底に流れ落ちる。

炉径が小さい場合は、炉の下部は鉧塊で塞がれ空気が遮断されて木炭が燃焼しないので温度が下がりノロは鉧塊の下に流れ込んで凝固する。したがって、操業終了後取り出した鉧塊の下部には大量のノロが付着し、鉧塊が押し上げられた状態になっている。このため遺跡からは椀状のスラグが発掘されることがあり、椀状滓と呼ばれる。ノロは鉧塊全体を覆い空気による酸化を防止しかつ保温するが、大量に溜まると粒鉄がノロ中に分散し鉧塊のまとまりが悪くなり、羽口を塞ぐこともある。したがって、ノロはできるだけ排出することが重要である。

炭素濃度の高い銑は融点が低いため、ノロ中で凝固せず降下して炉底に溜まる。降下中にノロとの反応で一酸化炭素ガス気泡を発生しノロ溜めは泡状になって攪拌される。この攪拌のため羽口前の木炭の燃焼熱は炉底に伝達され、炉底の温度は下がらない。溶融した銑は炉底の穴の湯路から流れ出す。操業ではノロが最初に流れ出し、遅れて銑が流れ出す。その後は、ノロと銑は同時に流れ出す。

この時、湯路から出る炎の中に箒状の細かい枝を持つ白い火花の「沸き花」が観察される。これは鉄の微粒子が酸化発熱している現象である。また、炉内からは一酸化炭素ガス気泡が発生する音が聞こえる。これが「しじる音」である。操業の終わりに送風を止めると、はっきりと聞こえる。すなわち、この時の「沸き花」は鉧塊や銑鉄が炉内に生成している証拠である。

■大鍛冶で脱炭の程度を知る方法

(1) 左下工程の脱炭機構

左下工程では、9分後に銑鉄塊上部の炎の温度が1200℃に達して木炭の炎の中に「沸き花」が出始め、12分後には1350℃に達し継続した。「沸き花」は最後まで盛んに出ていた。一方、羽口前の温度は13分後に1200℃に達し、23分以降1400℃を維持し、銑鉄塊上部の温度を超えた。銑鉄塊の裏の温度上昇は遅く、到達温度も1200℃と低かった。銑鉄塊の上部の温度と羽口側の温度が1350～1400℃に達し、これが継続する。送風開始から20分を過ぎた頃から銑鉄の上部が溶け始めるが、実験後の左下鉄の炭素濃度分布を見ると、初期に溶け落ちた銑鉄は小さな気泡を含むが、ほとんど脱炭していない。その後、銑鉄塊が溶け始め、羽口側の表面を流れ落ちる。流れ落ちる銑鉄は、空気で表面が酸化されて溶融FeOのノロを形成し、激しく泡立ったノロの層で覆われている。

羽口から吹込む空気は炉内で木炭と反応して炭酸ガスを生じるが、多くの未反応の酸素ガスがあるので羽口前はほとんど空気で、銑鉄塊上部の炎の酸素分圧は10^{-3}と10^{-8}気圧の間を変動している。この高い酸素分圧の下で鉄が酸化してノロを生成する。ノロは溶融銑鉄との界面で銑鉄を脱炭し、一酸化炭素ガスを発生して泡立つ。一酸化炭素ガス気泡は、微細な銑鉄粒を気泡中に取り込み、銑鉄粒は炎中に出て酸化し発熱して白色の火花である「沸き花」となる。

溶融銑鉄は鉄の表面が酸化してできた溶融FeOと反応して脱炭が進行するのでFeOが還元されてFeになる。すなわち、鉄が酸化され再び鉄に還元されるので鉄の歩留まりは100％になる。

(2)本場工程の脱炭機構

本場工程では、左下鉄塊上部の温度は25分後に1200℃を超え、55分以降1450℃を保つ。羽口前と鉄塊上部の酸素分圧は10^{-2}気圧になった。送風量を多くした50分以降は左下鉄塊全体の温度が急上昇し、一酸化炭素ガス気泡を発生しながら溶解が始まった。左下鉄の表面は空気で酸化され、初めはFeOノロの層を形成し泡立つが左下工程の時の激しさはなく、すぐに一酸化炭素ガス気泡の発生がなくなりノロが液滴になって表面を滑り落ちた。

左下鉄上部では、55分後1450℃で酸素分圧は10^{-5}から最後は10^{-10}気圧に下がり、鉄が急速に酸化燃焼していることが分かる。図15－2には大鍛冶炉内の状態を示した。強い酸化雰囲気になっていることが分かる。

脱炭が進み炭素濃度が低くなると、融点が上昇する。炭素濃度が0・51％では1496℃、0・1％では1530℃になる。木炭の燃焼熱だけでは、ここまで温度を上げることはできない。炭素濃度が低くなるにつれ炭素の燃焼による一酸化炭素ガスの発生も少なくなり、風の当たっている鋼塊の面だけではなく後ろも鉄の酸化が起こる。この鉄の酸化熱で鉄塊全体の温度が急上昇する。鉄が酸化して温度が上昇すると鉄塊は表面から溶解し、酸化して生成した溶融FeOも液滴となって流れ落ちる。また、溶融鉄は溶融FeOと接触するため、溶融鉄中に酸素原子が溶解し融点を下げる。鉄中の酸素濃度が0・16％では、鉄の融点は1528℃まで下がる。鋼中の炭

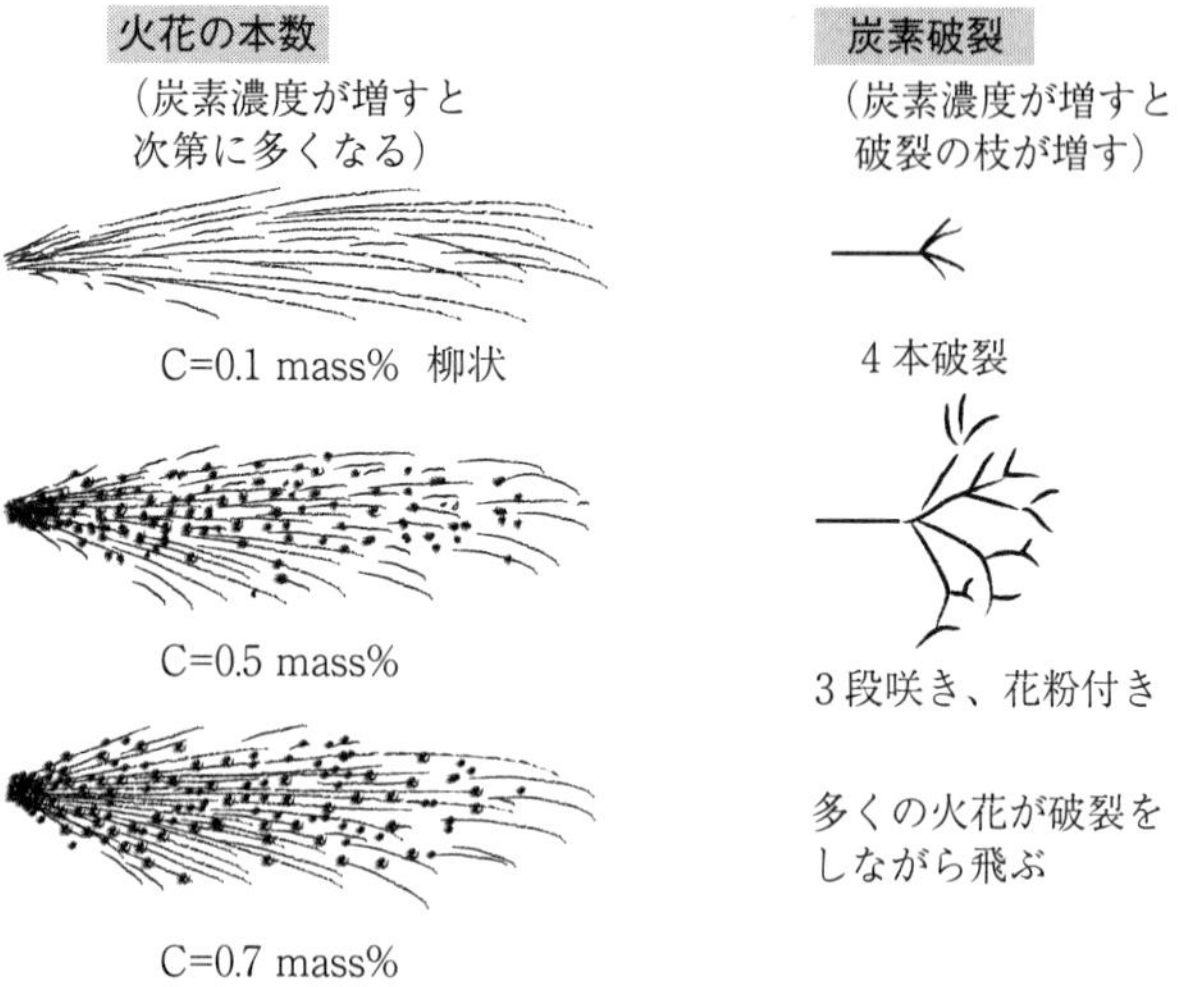

図 15-3　火花試験（鉄中の炭素濃度の推定法）

素濃度が0・1%では酸素濃度は0・2%になり、融点はさらに下がる。

本場では、鉄を酸化燃焼させて温度を上げるが、鉄中の炭素濃度が低いので生成した溶融FeOを還元できない。したがって、鉄の歩留まりは60~70%になる。一方、鉄の酸化熱は大きく酸化速度は加速度的に速くなる。温度が上がり過ぎると鉄の酸化による損失が増えるので、散水により温度上昇を抑える。炉床に含水させ水分の蒸発熱で温度の上がり過ぎを抑える方法もある。「炉が冴え過ぎる」というのは、炉内が乾燥して温度が上がり過ぎることを指している。

このように脱炭工程でも炎中に「沸き花」が発生し、「沸き花」で鉄が溶解していることが分かる。この火花は鉄微粒子の酸化熱で高温になるためであるが、微粒子中で一酸化炭素ガス気泡を生じると、気泡が破裂するときに鉄微粒子が飛び出す。これが酸化して枝になる。この枝の形状から炭素濃度を推定できるので、本場では火花の形状から炭素濃度を判定した。

簡便な鋼中の炭素濃度測定法として「火花試験」があり、JISで規格化されている（JIS G0566）。この方法では、鋼試料をグラインダーに押しつけ、発生する火花の形、色および量が鋼中の炭素濃度と関係づけられている。試料をグラインダーに押しつける圧力は、火花が約50㎝飛ぶ程度にする。この火花は合金成分によっても異なるため、ハンドブックと標準試料が市販されている。炭素濃度が0・1％以下の場合は、線状（柳状）の火花が発生するが、炭素濃度が増加すると火花の量が増加し、その線状の火花に花のような破裂が入るようになる。さらに炭素濃度が増すと火花の量が増え、火花に枝分かれが生じてその枝にも花状の破裂を生成する。図15－3に火花試験における鋼材の炭素濃度と火花の状態を示した。しかし、この方法による炭素濃度の見極めには熟練を要する。

■こしき炉で銑鉄の溶解を知る

第13章の図13－5に示した永田式こしき炉では、炉内の温度分布は、炉底が１３００℃で、羽口前が１６００℃、その上は急に温度が下がり１２００℃になる。ブードワー反応が吸熱反応のためである。上部は鉄を酸化しない雰囲気であるが、ルの上部では1450℃、酸素分圧は1×10^{-4}気圧で、羽口からル上部にかけて鉄を酸化する状態にある。したがって、銑鉄塊の表面が酸化されて、その反応熱で1600℃近い高温になる。この炉内の状態を図15－2に示した。

銑鉄は加熱され、湯返しをすることで1300℃の温度の湯を得ることができる。鉄の酸化で溶融FeOが生成し、同時に沸き花が激しく発生する。この過程で鉄の4％が酸化される。

操業ではこの沸き花を指標に炉内での銑鉄の溶解状況を把握し、また銑鉄の湯面の色と沸き花の発生状態から温度と炭素濃度を判定した。

■鍛冶の「沸き花」

(1)鍛接の状態

仮付け、本付けおよび折返し鍛錬時における鋼片ブロック中の温度と酸素分圧は、酸素センサーで測定した。センサーの直径は3㎜、長さは30㎜で、これを積沸し鍛錬で積んだ鋼片の隙間に設置し、また折返し鍛錬では鋼材の接合界面に溝を彫り埋め込んだ。

積沸し鍛錬の手子を火窪に設置し加熱した。加熱開始後25分後で温度は1000℃に達し、33分後には、1132℃になり「沸き花」が観察され始める。42分後には、炎が橙色になり「沸き花」が多く観察された。この時の温度は1220℃、酸素分圧は2.5×10^{-14}気圧である。47分後、温度が1270℃に達したところで、手子を火窪から取り出し1回目の仮付けを行った。温度は、1260℃に下がり、酸素分圧は5.1×10^{-13}気圧になる。この温度での鉄の酸化・還元の境界の酸素分圧は7×10^{-12}気圧なので、この状態では鉄の酸化は起こっていない。

1分後再び火窪に手子を入れ加熱した。仮付け作業中に温度は取り出し時より150℃程度下がるが、再び上昇し5分後には1190℃で「沸き花」が出始め、55分に2度目の仮付けを行った。この時の温度は1247℃、酸素分圧は7.8×10^{-14}気圧である。手子を再び火窪に入れ、再加熱を行った。61分後には1260℃に達し、本付けを行った。酸素分圧は1.2×10^{-13}気圧である。

2人目の刀匠の場合は、積沸しの手子を火窪に設置し、加熱開始後25分で1000℃に達している。30分には「沸き花」が出始め、40分には、1244~1273℃まで達し、仮付けを行った。温度は1120℃までいったん下がるが、再び火窪に入れ加熱を行い、50分に本付けを行った。この時の温度は、1265~1287℃である。

2人の刀匠の操作における温度はほとんど一致していた。

(2) 鋼ブロック鍛接面近傍の炭素濃度とノロ

火窪の炉底や鍛錬鉄材の表面から採取されたノロは、Fe含有量が少なく、SiO_2, K_2O, Al_2O_3,

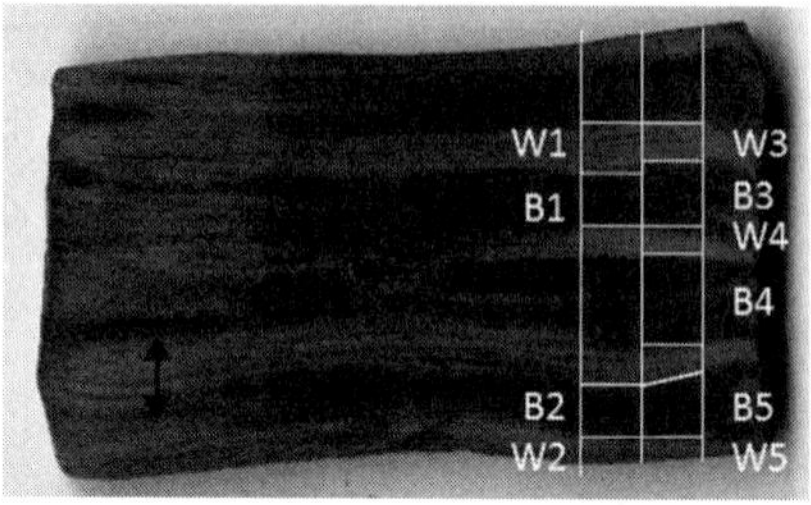

白い層	炭素量（%）	黒い層	炭素量（%）
W1	0.2676	B1	0.9655
W2	0.3261	B2	0.9168
W3	0.2333	B3	0.8820
W4	0.2269	B4	0.9167
W5	0.2063	B5	0.9124
平均	0.2520	平均	0.9187
標準偏差	0.0469	標準偏差	0.0299

図 15-4　積沸し鍛錬後の鋼ブロック断面の炭素濃度分布

CaO, MgO, Na_2Oなどが検出された。特に、錬鉄材表面に付着したノロからは、SiO_2がFeOより多く検出された。これは折返し鍛錬の際に使用した泥や藁灰の影響である。一方、鍛接時に鍛錬鉄材より排出されたノロからは主にFeOが検出された。

図15－4には仮付けを1回行った試料の断面を示す。軽く鍛造したもので、十分鍛接できていない。いちばん下が台皿で、酸素センサーと熱電対が2段目の鋼片の間にある。断面には、黒い層と白い層が交互に積層しているのが観察される。どの鋼ブロック試料も同様な層ができており、接合面は白い部分にある。図中の白線で示す白い層と黒い層を切出

し、それぞれの炭素濃度を測定した。試料Wは白い層で0・2〜0・3%の範囲にあり、平均0・25%である。一方、試料Bは黒い層で平均0・9%である。この状況は、鍛錬中に鋼材の表面で脱炭が起こっていることを示している。

図14－2に示したように、鍛接面の一部にノロが残留している。電子線微小領域分析装置（EPMA）の分析結果では鋼材中のノロは主にFeOで、他に鋼材ブロックの表面では藁灰と泥からくるSiO_2やAl_2O_3、MgOが含まれている。すなわち、ノロはFeOとそれと共存するファイアライト（$2FeO \cdot SiO_2$）組成近傍のスラグである。この断面で特徴的なことは、結晶相が連続しており接合面が見えないことである。この状況は接合面が溶融していることを示している。すなわち溶接されている。

■「沸き花」の発生機構

「沸き花」は、バーナー等で加熱した鉄線の先端から高温で発生する火花や、鋼材の炭素濃度を推定する火花試験の火花と同じ現象である。

鍛接した鋼材の断面を見ると、細長く伸びた小さなFeOのノロが分散している。これは鋼材ブロック内部の酸素分圧から見ると、鉄が酸化しない状態にあるにもかかわらず、鍛接における鋼材表面が酸化していることを示している。鋼材ブロックの表面は藁灰と泥で覆われているが、炎中には多くの空気が混ざっており、酸素分圧はほとんど空気と同じ0・2気圧ある。したがって、鋼材ブロック表面では鉄は酸化する状態にある。

鉄が酸化するとき大きな反応熱を発生する。その熱は鋼材中に熱伝達で散逸するが、その速度は遅く、界面には熱が溜まり温度が急速に上昇する。鉄の熱伝導度は銅と比べると6分の1程度である。その温度上昇を計算すると8分で200℃以上上昇する。このため鉄の表面温度が上がり溶解する。

鍛接時における鋼片ブロック内の酸素分圧の測定値は10^{-15}気圧程度であり、一酸化炭素ガス分圧を1気圧とすると、一酸化炭素ガスと共存する鋼中の炭素濃度は0・2〜0・3%に相当する。この鋼が溶融する温度は1470℃近くである。「沸き花」が出始める鋼材ブロック内の温度は1190℃であるが、鋼材ブロックの鋼片の表面は鉄が酸化してすでに1470℃以上になっており、鋼材表面は溶解し濡れた状態になっている。

鋼材界面は鉄が溶融し酸化で生成した溶融FeOで満たされている。そして、鋼材表面近傍の炭素はFeOと反応して、界面で一酸化炭素ガス気泡を発生する。この時、半球状の気泡は中の気圧が大気圧すなわち1気圧以上にならないと生成しない。さらに気泡表面を作るエネルギーが必要である。一酸化炭素ガス気泡はエネルギーが溜まり一気に3気圧近い圧力の強い力で発生し膨張する。気泡は溶融鉄表面を強い力で掃き、その時鉄微粒子を気泡中に取り込む。この鉄微粒子が

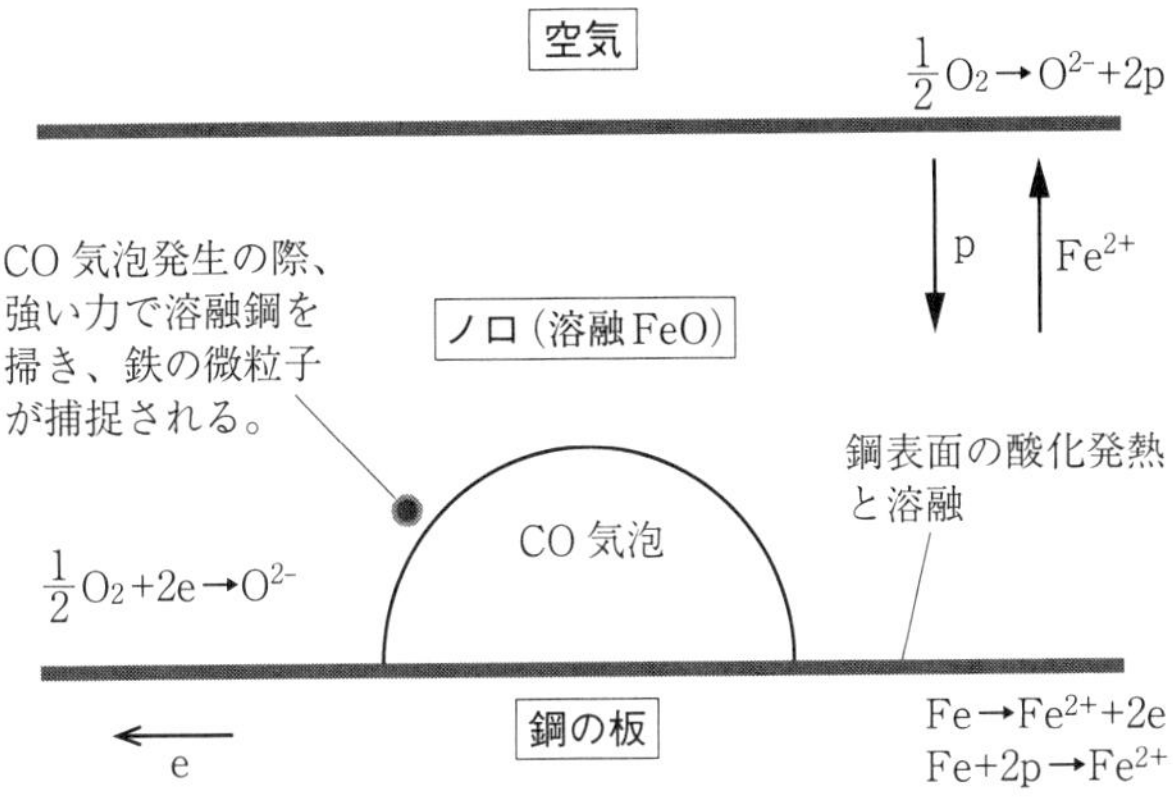

図 15-5　沸き花の発生機構

空気中で酸化し発熱して「沸き花」になる。この時の状況を図15－5に示した。気泡が半球状で生成するのは、球状で発生するよりエネルギーが半分で済むからである。ヤカンで湯を沸かすとヤカンの底から水蒸気の気泡が発生しゴトゴト音を立てて沸騰するのが観察される。沸き花の発生時には、必ずジュワジュワという一酸化炭素ガス気泡が発生する音が聞こえる。いわゆる「しじる音」である。

　鉄の表面は1371℃を超えると溶融FeOで覆われているので、酸素ガスは直接鉄の表面を酸化できない。しかし、溶融FeOには正孔（p）と呼ばれる電子欠陥が多くある。溶融FeOに接触した酸素ガスは電子を奪い、酸素イオンになり溶融FeO中に溶ける。電子がなくなってできた正孔はイオンより100倍近い非常に速い速度で鉄表面に到達し、溶融FeO中の酸素イオンから電子を奪い、生成した酸素原子は鉄原子と反応して酸化が起こる。電子（e）は鉄中をやはり高速で動くので、鉄と溶融FeOと空気の3相界面で酸素ガスに電子を与えて酸素イオンを生成する。すなわち、酸素ガスは溶融FeO中を通らなくても、まず空気との界面でイオンとして酸素原子が溶解し、次に鉄との表面で酸素原子が生成する、いわゆる玉突き現象で見かけ上高速で移動することができる。電気的には中性でなくてはならないので、特に2価と3価の鉄イオン濃度が変化するが、溶融FeOが流動するので濃度は均一に保たれる。

接合ができていない「ふくれ」の部分に穴を開け、「沸き花」が出るまで加熱すると完全に接合させることができる（183ページ）のも、この現象と同じである。

溶融した鉄微粒子の表面は空気中を飛びながら酸化して溶融FeOで覆われ、鋼中の炭素と反応して一酸化炭素ガス気泡を発生する。この時、気泡は破裂してさらに鉄微粒子を放出し、火花に枝ができる。炭素濃度が低い場合は火花は線状で柳状に観察され、鋼が高炭素濃度になるほど火花に枝ができ、さらに枝に枝ができるようになる。

これが「沸き花」の発生メカニズムであるので、「沸き花」は溶融鉄ができているという指標になる。たたらや鍛冶で、また恐らく世界中の古代製鉄や前近代製鉄で、「沸き花」は重要な役目を果たしていたはずである。

鉄線の先端をバーナーなどで加熱する場合も、FeOの融体が生成し表面を覆うと火花が出始める。これはFeO融体により溶鉄中の炭素が燃焼し、生成した一酸化炭素ガス気泡で鉄粒子が捕捉され、放出されて火花になる。

積沸し鍛錬では、複数の鋼片を積み上げるので表面積が広くなる。したがって、鉄が酸化してノロが多く出るので鉄は10％近く減量する。一方、折返し鍛錬では2枚の鋼ブロックを接合するので界面は一つであり、鍛錬によって酸化減少する割合は少なくなる。積沸し鍛錬と続けて折返し鍛錬を10回行うと約30％の鉄が減量する。

第16章　和鉄はなぜ錆びないか

■鉄の錆び方

和鉄は、錆びにくいという特徴がある。その理由については様々な見解が出されている。宮大工の西岡常一は著書『木に学べ』の中で、炭素濃度の不均質な和鉄から作った釘、すなわち和釘について、炭素濃度の高い部分で錆が止まるとしている。古主泰子は、建築用和釘の表面の錆を分析し、鉄地金と錆の間に10nm程度の大きさの微細な多結晶のFeOが生成していることを示した。井垣謙三は、ホウ酸系緩衝液中で測定したアノード分極曲線から、和鉄が非常に小さい不動態維持電流を示し、高い耐食性を持つことを示した。そして、和鉄の表面に形成されるFe_3O_4の酸化皮膜である「黒錆」の形成が腐食の進行を抑制しているとした。W.Gradyは、フェライト相はセメンタイトより不動態維持電流が小さく耐食性が優れること、パーライト相では不動態被膜の生成が抑制され、不動態維持電流が上昇することを明らかにした。

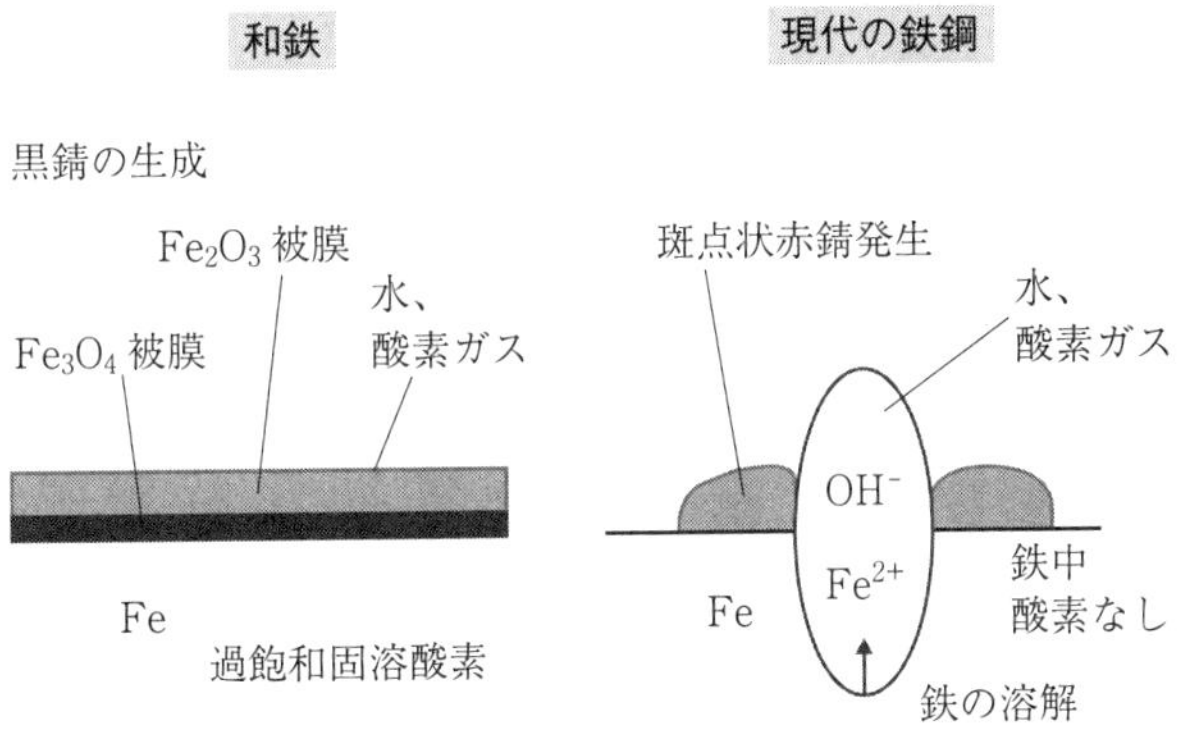

図 16-1　錆の生成機構

一般に、水滴が鉄表面に付着すると、空気から水滴に溶解した酸素が空気—水滴—鉄の3相界面近傍で電子を取ってOH^-イオンを生成し、一方、水滴の中心部で鉄が電子を放出してFe^{2+}イオンとして溶解する。さらにFe^{2+}の一部は酸素によりFe^{3+}に酸化される。これらのイオンは水酸化鉄として沈殿し、脱水や縮合を経て様々な錆の化合物を生成する。$Fe(OH)_2$, $Fe(OH)_3$, FeO, Fe_3O_4, α-FeOOH, β-FeOOH, γ-FeOOH, δ-FeOOH, α-Fe_2O_3, γ-Fe_2O_3, 無定形錆などである。大気環境で生成する錆は、地鉄表面に黒色のFe_3O_4層の黒錆が生成し、その上にα-FeOOHを主成分とする赤錆が覆っている。Fe_3O_4層は緻密な結晶で、地鉄に密着し防食効果が高いが、赤錆は粗く保護性に乏しい。

一方、水滴中に塩素イオンCl^-が存在すると塩化物が形成され、これが加水分解して局所的にH^+イオン濃度を高めるため、Fe_3O_4被膜の形成が阻害される。このため、局所的な腐食が進行して孔食が多数発生し、穴が深くなると同時に次第に周囲に広がっていく。

現代の鉄と和鉄の錆のでき方の違いを図16－1に示す。現代の製鉄法で作った鉄は、湿気環境下では斑点状に赤錆が生成し、次第に広がって全面が赤錆で覆われる。一方、同じ条件下で和鉄は瞬時に青みがかった黒錆の薄膜で覆われ、この薄膜が一旦生成するとその後の酸化は容易に進行せず耐食性を示す。遺跡から出土する鉄剣などは赤錆で覆われているが、赤錆と鉄の間に黒錆が生成しており、中心部には鉄が残っている場合が多い。

和鉄では瞬時に黒錆が生成し、塩素イオンなどによる孔食が起こらないのはなぜであろうか。

■鉄中の酸素濃度

古主らは、奈良時代から現代までの酸素分析値が明らかな建築用和釘試料の分析値をまとめている。これを表16－1に示す。炭素濃度分布は不均質で濃淡が混在しているが、平均炭素濃度は0・02～0・35％で包丁鉄を用いて製造していることが分かる。また、Si、Mn、P、S、Tiの不純物濃度が現代の普通鋼と比較して1桁低い。特徴的なのは、酸素濃度が0・012～0・35％と現代の鋼の0・002～0・003％と比べて非常に高いことである。これらの分析値は化学分析により試料全体を分析しているので、鉄に固溶している酸素の他、酸化鉄（FeO）やファイアライト（$2FeO \cdot SiO_2$）などの介在物中の酸素を含めて測定している可能性がある。

木造建造物	年代		西暦	C	Si	Mn	P	S	Ti	O
法隆寺金堂	飛鳥·奈良	推古15年	607	0.10	0.004	Tr.	0.033	0.004	<0.010	0.014
平等院鳳凰堂	平安	天喜元年	1053	0.35	0.039	0.01	0.030	0.003	Tr.	0.043
				0.19	0.098	0.01	0.01	Tr.	Tr.	0.147
				0.20	0.082	Tr.	0.014	0.003	0.145	0.220
				0.21	0.052	Tr.	0.007	0.003	0.047	0.240
法隆寺金堂	鎌倉	弘安6年	1283	0.09	0.013	Tr.	0.027	0.003	0.010	0.076
	江戸	慶長8年	1603	0.25	0.008	0.230	0.018	0.063	<0.010	0.009
平等院鳳凰堂	江戸	寛文10年	1670	0.30	0.030	Tr.	0.030	0.002	0.044	0.190
備中国分寺		文政4年	(1821)	0.04	0.021	0.007	0.068	0.004	0.083	0.490
金光院		元禄	1700	0.09	0.003	0.003	0.041	0.005	0.002	0.064
				0.02	0.033	0.003	0.004	0.004	0.002	0.004
				0.04	0.064	0.003	0.024	0.004	0.018	0.350
専修寺		享保	1729	0.24	0.029	0.005	0.038	0.004	0.001	0.160
醍醐寺		明和	1770	0.16	0.006	Tr.	0.038	0.001	0.025	0.012
大塚酒造	江戸		1900	0.07	0.005	0.810	0.055	0.028	0.001	0.032
SLCM（薬師寺復元）	現代		1900	0.09	0.01	0.010	0.001	0.002		0.003
高炉鋼（SPHC）			2000	0.04	<0.008	0.210	0.002	0.013	0.001	0.002

和釘は包丁鉄で作った

酸素溶解度：δ-鉄0.0084％、γ-鉄で0.003％、α-鉄はさらに小さい値

表16-1　和釘の成分組成（化学分析）

そこで古主らは、EPMAを用いて、介在物を含まない直径1～5μmの範囲で鉄相中の酸素濃度を測定した。図16－2に示すように、その場所には透過型電子顕微鏡（TEM）でさらに微細な介在物が存在しないことを確かめている。表16－2にその結果を示す。鉄中の固溶酸素濃度は0・153～0・383％である。純鉄中の酸素溶解度は、δ－鉄で0・0084％、γ－鉄で0・003％、α－鉄はさらに小さい値であり、和釘中の酸素濃度は過飽和になっている。

たたら炉内では、羽口前で粒鉄表面の鉄が酸化燃焼し1528℃を超える温度になる。溶融した鉄粒表面は酸化し、溶融FeOで覆われる。口絵写真5に示すよ

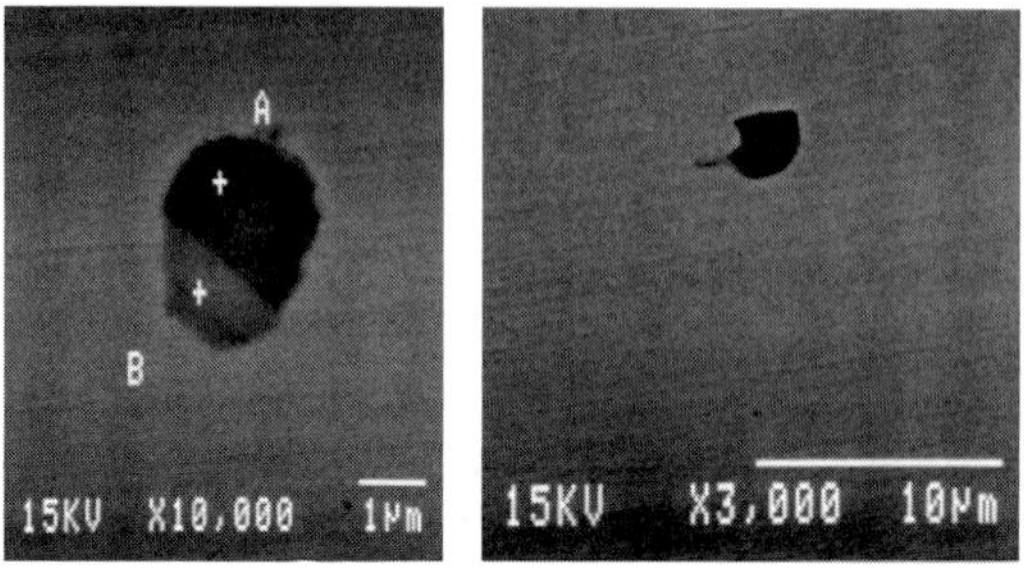

図 16-2　和釘中の地鉄と介在物（FeO）
介在物が無い地鉄を EPMA で分析した

成分	表面近傍			内部		
	No.1	No.2	No.3	No.1	No.2	No.3
Si	0.02	0	0.002	0	0	0.002
Mn	0	0	0	0	0	0
P	0.01	0.019	0.049	0.016	0.081	0.047
S	0	0	0.009	0	0	0.008
Ti	0	0.007	0	0	0	0
O	0.18	0.187	0.171	0.175	0.153	0.383
Fe	98.043	98.622	98.457	98.258	98.33	97.635
Al	0	0	0	0	0	0
Mg	0.001	0	0	0	0	0
Ca	0	0	0	0	0	0

No.1：奈良西大寺、No.2：阿沼美神社、No.3：備中国分寺

表 16-2　和釘の地鉄の成分組成
（微小領域分析 EPMA による）

うに、羽口前で粒鉄は表面が酸化して高温になり明るく輝く。1528℃以上では溶融FeOと共存する溶融鉄は酸素を0・16％以上溶解する。炭素を溶解すると、さらに酸素濃度は増加する。羽口の前を通過して行った粒鉄は羽口下のノロ溜めの中で凝集する。日本美術刀剣保存協会が実施している現代のたたら製鉄で製造した鋼（玉鋼1級、炭素濃度約1・3％）をEPMAで測定したところ、酸素濃度は0・153〜0・206％でありやはり

過飽和に固溶している。

大鍛冶で脱炭する場合、鉄表面は酸化、脱炭し溶融してFeOと共存し、酸素濃度は0・16%以上になる。左下師は鋼塊の向きを常に変えてまんべんなく脱炭を進行させる。鋼塊はすぐに温度が下がって凝固するので溶解した酸素原子がそのまま取り込まれ、酸素濃度は0・1〜0・2%程度の過飽和状態になる。したがってこれで作った和釘中の酸素濃度は過飽和になっている。

折返し鍛錬による鍛接は、和釘で1〜2回、道具で4回、日本刀では10回以上行う。この時も、鋼材界面は溶融しており溶融FeOと共存する状態にあり、脱炭が進むと同時に酸素濃度は0・16%以上になる。そして、鍛造ですぐに温度が低下するので、酸素濃度は過飽和になる。表16－2のEPMAの分析値は明らかにFeOと共存する溶融鉄中の酸素濃度に近い値である。

■黒錆ができる理由

鉄中に固溶している酸素濃度が過飽和になっていると、560℃以下では安定なα－鉄（フェライト）とFe_3O_4（マグネタイト）に分解する。この温度以上ではα－鉄とFeOに分解する。しかし、実際は酸素原子の拡散速度が小さく、また地鉄中でFe_3O_4やFeO相を形成するには、ある程度酸素原子が集まって一定の大きさを超える必要がある。それ以下では消滅する。したがって、鋼の造形を行う火造り時の800℃程度では地鉄中にFeO相は形成されない。

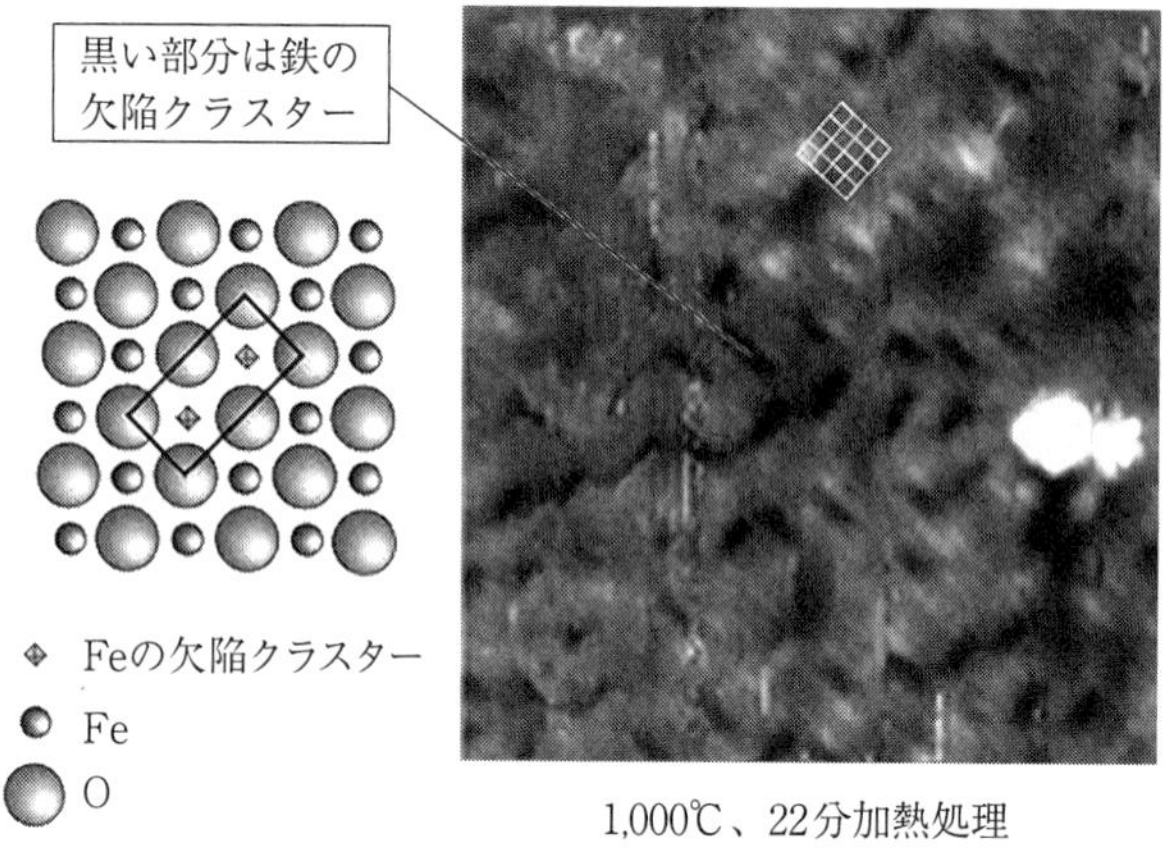

図16-3　欠陥クラスターを含むFeO表面の原子像（STM）
多数ある黒く見える部分が鉄の欠陥クラスターで、白っぽく見える部分が、網状に覆っている酸素原子

一方、表面は外側に原子がないので、結晶内部とは異なった結晶構造を持つことが知られている。鉄イオンの原子欠陥の多いFeO単結晶の表面を走査型トンネル顕微鏡（STM）で観察すると、酸素イオンが鉄イオンの原子欠陥2個を囲むメッシュ状に並んでいる。これを図16－3に示す。鉄中に過飽和に溶解した酸素原子の状態はこれに近い可能性がある。また、酸素は界面活性の性質があり表面に集まる傾向がある。

したがって、鋼片の表面を加熱すると560℃以上ではFeOが生成し、560℃以下では湿気などをきっかけに過飽和に固溶した酸素原子が分解し、表面にFe_3O_4薄膜を短時間で生成する。この薄膜は非常に緻密な結晶構造をしているので、耐食性を示す。このように、酸素濃度が過飽和になっている和鉄表面は、酸化し易い状態にあるとも言える。

以上述べてきたように、我が国のたたら製鉄法では鉄の溶解時に発生する「沸き花」を操業の指針としてきたことが分かる。この時、鉄の酸化反応を伴い生成する溶融FeOとの共存下で鋼が溶解するため酸素が溶解し、鋼中に過飽和に酸素が固溶する。それがマグネタイトの黒錆を生成して錆びなくなる。この原理は普遍的で、世界の古代および前近代的製鉄でも同じ現象が起きていなければならない。

第17章　なぜルッペや和鉄の不純物は少ないか

■鋼中の不純物濃度を決めるスラグ中の酸化鉄

Tylecote著『History of Metallurgy』を読んでいて奇妙なことに気がついた。欧州で発達した古代製鉄炉から19世紀まで操業されていたレン炉、およびたたら炉まで炉高は全て1〜1・2mであり、表6－3で明らかなように、低炭素鋼のルッペや高炭素鋼の銑と銑を製造する時に生成するスラグやノロは、全てファイアライト組成に近い値で、酸化鉄は50〜60%含まれている。ところが紀元前後の中国漢帝国時代の、銑鉄製造で生成するスラグ中の酸化鉄は数%に激減している。これは表7－3でも明らかなように、ヨーロッパで発展した溶鉱炉のスラグ中の酸化鉄も数%であり、シリカと石灰、アルミナからなるスラグに変わっている。

明治期に我が国で開発された角炉は、たたら炉の炉高を3m程度に増した炉で、銑鉄を製造したが、やはりスラグ中の酸化鉄濃度は数%に下がった。できた鉄中の不純物の濃度は、炉高の高い溶鉱炉で作った銑鉄のほうが格段に高くなった。

特に、ヨーロッパの鉄鉱石にはリンが多く含まれ銑鉄中のリン濃度は高くなったが、レン炉で作ったルッペや、銑鉄を木炭の燃焼熱で精錬した可鍛鉄、およびパドル法で精錬した錬鉄中のリン濃度は低くできた。たたら炉で作った高炭素鋼の鉧や銑鉄の銑中のリン濃度も低かった。しかし、ベッセマー転炉が発明されて溶鋼が作られると、リンが鋼中に溶解し鋼の性質を悪くした。そこで、前述したように、塩基性レンガを使って溶鉄中のリンをスラグに吸収するトーマス転炉が発明された。なぜベッセマー転炉が発明される前は鉄中にリンがそれ程溶解しなかったのか、その理由を探ってみよう。そのヒントはスラグ中の酸化鉄濃度にある。

■製鉄炉下部の温度と酸素分圧

遺跡から発掘される製鉄炉では平面形状は保存されており、炉壁は崩れていることが多いが、その高さを推定することは可能である。また、発掘されるスラグや鉄製品の組成から製鉄の状態を知ることができる。炉の高さとその炉で行われた製鉄の状態の間に関係があるはずである。木炭を用いた製鉄炉の形状とスラグの組成が分かっている事例を分析すると、製鉄炉の高さと炉下部の酸素分圧および温度を推定することができる。図17‐1にその結果を示した。

ボール炉は深さ50㎝程の穴に高さ50㎝程度の椀形に作られている。炉床からの高さは1m程度

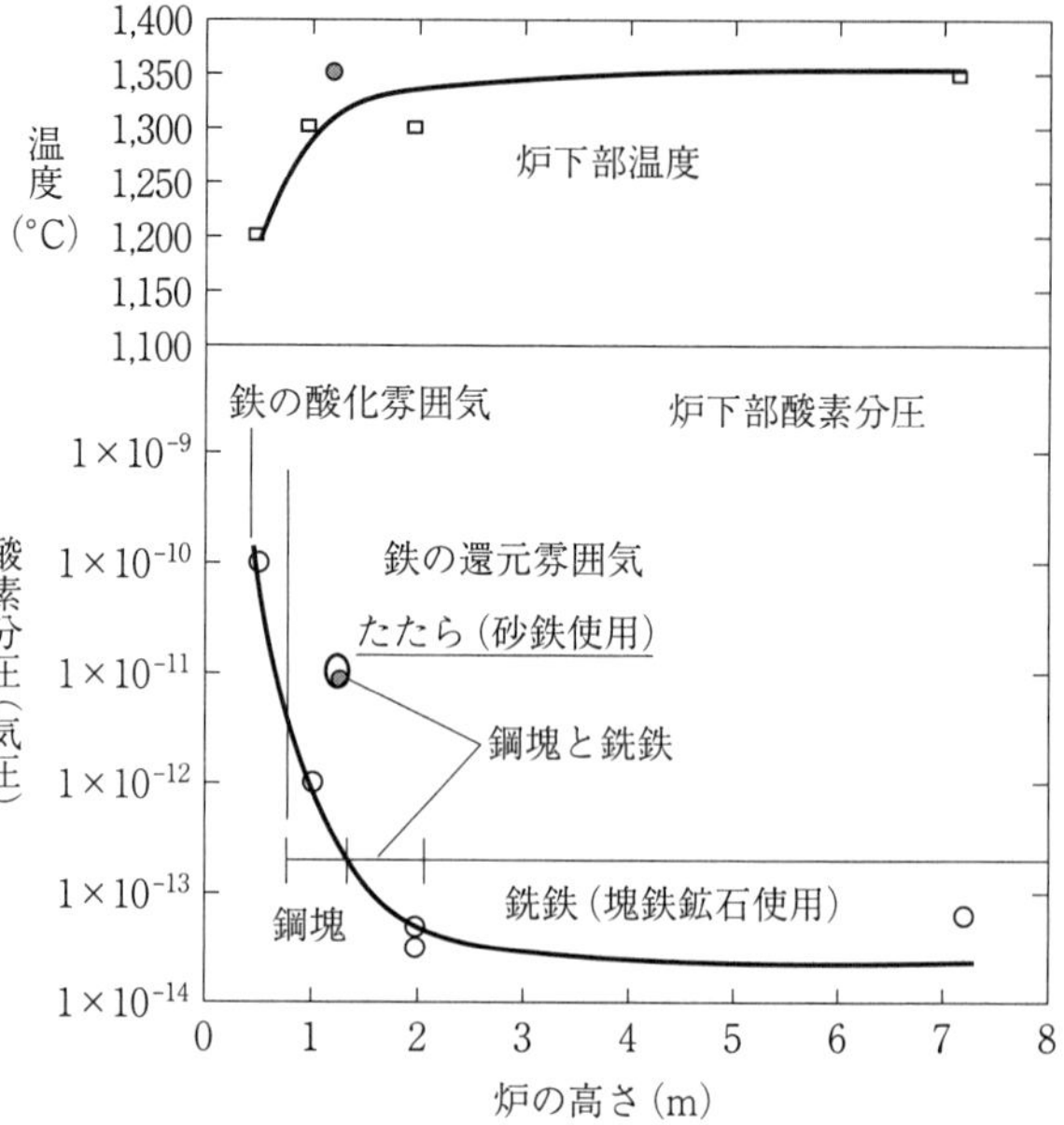

図 17-1　炉高と炉内の酸素分圧と温度の関係

で、スラグの組成から推定される酸素分圧は 1×10^{-10} 気圧、炉下部の温度は約1200℃と推定される。この当時の送風機はヤギの皮袋で手動で動かしていたと考えられるので、送風能力はそれ程大きくない。

ローマ時代のシャフト炉のスラグ組成は融点が1178℃近傍にあり、酸素分圧は約 1×10^{-12} 気圧である。この状態ではスラグとクリストバライトと呼ぶ結晶の SiO_2 が固体鉄と共存している。炉内の温度は約1300℃である。一方、たたら炉のスラグ組成はローマ時代のシャフト炉に近い値であるが、少し酸化状態で酸素分圧は1×10^{-11}気圧程度である。温度は1350〜1400℃あり、スラグと固体のSiO_2および固体鉄が共存する状態にあったことが分かる。

製鉄が始まった初期の時代のボール炉のスラグ組成は1130℃の低い融点であるが、鉄と共存する組成ではない。これは長い年月の間に酸化されたとすると、操業当時のスラグ組成は鉄およびFeOと共存する値であったと考えられる。この時の酸素分圧は約1×10^{-12}気圧となる。

13世紀の初期の溶鉱炉であるラピタンとビナリタンのスラグ中の酸化鉄は4〜6%で、SiO_2が多くAl_2O_3は6〜10%、CaOは4〜12%であった。このスラグはシリカとムライト（$3Al_2O_3$・SiO_2）化合物と共存する組成に近い。融点は1345℃で、SiO_2濃度が高く高粘性で炉外に流れ出たとは思えない。

中世後期の16世紀には溶鉱炉の炉高は4〜6m、17世紀には6〜9mになり、水車動力による大きな蛇腹式送風機で送風していた。この頃の木炭高炉ではCaOの濃度が高くなり、SiO_2が約50%、CaOが約30%、Al_2O_3が約20%の組成のスラグを使っていた。融点は1307℃であり、粘性は低くなって流れ出したことが分かる。現代の高炉のスラグはSiO_2が40%、CaOが40%、Al_2O_3が20%とCaO濃度の高いスラグになっている。融点は1265℃であるが、銑鉄の温度は1550℃なので粘性は非常に低くさらさらと流れ出す。

小花冬吉と黒田正暉が開発した角炉は、大鍛冶で脱炭する際発生する鉄滓が鉄源なので、酸化鉄が還元されて減少するとシリカ濃度が増し融点が高くなる。そこで石灰石を加えて木炭高炉に近い組成に調整した。

初期木炭高炉のスウェーデンのラピタンとビナリタンでは、銑鉄中の炭素濃度を3・6%、温度を1300℃として計算すると、酸素分圧はそれぞれ3.0×10^{-14}気圧と4.8×10^{-14}気圧になる。中世後の木炭高炉のイギリスのシャープリープールとドゥッダンの木炭高炉では温度を1350℃として計算すると、ともに5.8×10^{-14}気圧となる。鳥上の炉高3mの角炉では昭和10年頃のデータで、1.1×10^{-13}気圧、昭和40年頃のデータで$2.1\sim5.5\times10^{-14}$気圧である。

ファイアライト系のスラグを生成する炉高1m程度の炉では、炉内の酸素分圧は10^{-12}気圧の程度で、酸化鉄が還元して鉄だけが生成する値である。脈石成分の還元はほとんど起こらない。したがって、鉄中のシリコンやマンガンなどの不純物、特にリンや硫黄の濃度が低くなった。ところが炉高が2m以上の溶鉱炉になると炉内の酸素分圧は10^{-14}気圧程度と低くなり、スラグ中の酸化鉄が還元されてシリカ成分が多くなり粘性が急激に高くなる。したがって、スラグが流れ出なくなる。また、脈石の還元が起こり、特にシリコンやマンガン、リン、硫黄が還元されて鉄中に溶解し濃度が高くなった。

ルッペ製造炉では、羽口前で滴下する銑鉄が酸化され、温度が上昇すると同時に脱炭が起こり凝固してルッペ鉄が作られた。パドル法の場合は溶融銑鉄の表面が酸化され、酸化鉄が多いスラグができる。そのスラグと銑鉄を攪拌し接触させながら脱炭を行い、炭素濃度が下がって鉄が固体と液体の共存状態になったところでロールにかけた。いずれも酸素分圧は高くかつ低い温度で精錬を行っているので、リンはリン酸鉄としてスラグに溶解し、溶鉄中にはほとんど入らなかった。したがって、製品の鋼中には繊維状のリン酸鉄が分散していた。

一方、ベッセマー転炉では鉄が酸化して、酸化鉄濃度20％程度のスラグを生成した。しかし、1600℃近い高温になって鋼を溶解し、同時に溶鋼中に酸素が多量に溶解した。溶解酸素は凝固時に一酸化炭素気泡が発生し気孔の多い鉄になるので、炭素濃度の高い鉄マンガン合金を溶鉄に溶解させて脱酸した。この時、リンがスラグから溶鉄に戻る「復リン」が起こった。また、炉の内張りにシリカ成分の多いレンガを用いたため、溶鉄中のリンが除去できなかった。そこでトーマス転炉ではリン酸と結びつきの強い石灰を含むドロマイトを用いたレンガを使い、リンを除去し復リンを防いだ。

■炉高1mと2mが鋼塊と銑鉄の分かれ目

図17-1に示したように、炉高が1m以上では1300〜1350℃に高くなるが、酸素分圧は下がる。

炉高1mでは鋼塊が生成し、2m以上では銑鉄が生成する。たたら製鉄の場合はヨーロッパの

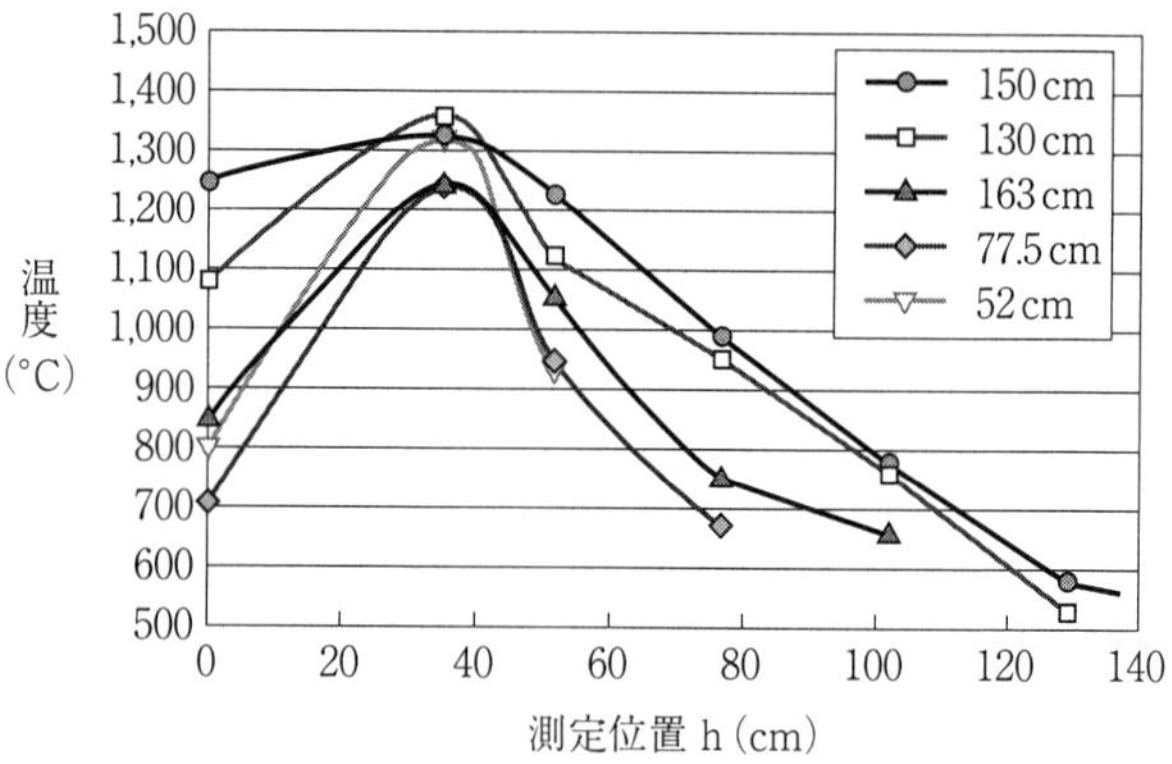

図 17-2　木炭製鉄炉の高さと炉内温度分布

古代製鉄炉と少し異なっている。温度が1350～1400℃と高く、酸素分圧も1×10^{-11}気圧と高くなっているにもかかわらず、銑鉄と高炭素鋼塊を製造した。この違いはヨーロッパでは赤鉄鉱石の塊が使われたが、たたら製鉄では磁鉄鉱の微粉である砂鉄を使っているところにある。

微粉の砂鉄は表面積が非常に大きいので、還元反応が早く終了し木炭との接触で炭素を十分吸収することができる。鉄粒は短時間で溶融銑鉄になる。

炉高が高くなるとなぜ酸素分圧が下がり、還元力が強くなるのであろうか？　実際に実験を行った。羽口から空気を吹き込み、木炭だけを燃焼させた。炉の高さは190㎝まで積み上げた。190㎝の場合は上部60㎝は鉄板のシャフト（円筒）を用いた。この実験では酸化鉄を入れてない。実験結果を図17－2に示す。羽口前の温度は1300℃で変化しないが、炉高を高くすると、羽口上のシャフト部の高温領域が広がり、炉底温度が羽口前の温度に近づくことが分かった。酸素分布は高さによる大きな変化はなかった。これは鉄鉱石を入れていないからである。

この実験から分かるように、炉高を2m以上にあげると、酸化鉄が還元する領域が上部に広がり、木炭やコークスから炭素を吸収し銑鉄になって溶ける領域が広がる。炉高が高くなると羽口に達するまでに炭素を十分吸収するので、低融点の銑鉄になる。さらにスラグ中の酸化鉄が還元され、1350～1400℃でFeOとSiO_2の濃度が約1対1になる組成までくると、突然FeOの溶解度が非常に小さいシリカ（SiO_2）が生成する。木炭の灰の主成分はCaOなのでシリカはアルミナとともにスラグを生成し、酸化鉄濃度が数％のスラグを生成するが、粘性は非常に高くなる。さらに還元が進むとFeOの濃度は急激に低下して、酸素分圧は炭素と1気圧の一酸化炭素ガスで決まる値近くにまで低下する。

■鉄鉱石のサイズが還元速度に影響する

鉄鉱石の還元速度は、還元ガスの種類、流量、温度、圧力、鉱石粒度、気孔率、組成など多数の要因の影響を受け複雑に変化するが、ここでは、鉄鉱石の粒度すなわち大きさの影響を考えてみよう。還元反応は鉄鉱石の表面で起きる。たたら製鉄では砂鉄（マグネタイト）の粉鉱石（直径0・1～0・5㎜程度）を原料に用いているため、直径2㎝の塊鉱石と比べると体積に対する表面積の割合は粉鉱石の方が40～200倍大きく、反応は非常に速く進む。天然のヘマタイト結晶（Fe_2O_3）とマグネタイト結晶（Fe_3O_4）の1000℃における一酸化炭素ガスによる還元速度を比較すると、還元率60％になる時間は前者で20分、後者で180分である。ヘマタイトはマグネタイトよりおよそ9倍速い。マグネタイト微粉鉱石は、直径1㎝のヘマタイト塊より4・4～22倍反応が速いことが分かる。砂鉄を使った小型たたら炉実験では、30分程度で還元している。これから換算すると、直径2㎝のヘマタイト塊鉱石の還元には660分程度かかる。俵は、明治期の鉧押しの砺波《となみ》たたら炉で砂鉄の滞留時間は40分と述べている。

第18章　インドの鉄柱はどのように作ったか

■デリーの鉄柱

口絵写真9に示すデリーの鉄柱は、デリー市近郊のイスラム教のモスク「イスラムの力」の庭に建っている。いつ作られたかは不明な点が多いが、鉄柱に刻まれた碑文にあるチャンドラという王の名前からグプタ朝（320〜543年）初期の頃である。チャンドラ王はチャンドラグプタ2世・ビクラマディチャと言い、376年に即位した。鉄柱は彼の父親である2代グプタ王時代に建造された。彼らの時代は黄金時代で科学、技術、医学、文学などが発展した。

この鉄柱はもともとは、デカン高原北端のボパール市から約50㎞東にあるベシュナガールのビディッシャとサンチの町の近くにあるウダヤギリという地にあった。この地はヴィシュヌパダギリと呼ばれ、ヒンズー教の3大主神シヴァ、ブラフマー、ヴィシュヌの一人「ヴィシュヌの足跡の丘」という意味である。ここには洞窟群があり、その一つ第7窟の前に建てられていた。この地は、ちょうど北緯23度31分にあるので、夏至には太陽が真上に昇って影がなくなる。この鉄柱は暦としても重要な役割をしていた。

1233年に、イスラムのイルツトミシュが侵略し、略奪品として青銅の像などとともに鉄柱を600km北のデリーに持ち去った。

デリーの鉄柱の大きさは、高さが7・2mあるが、下部6mは鉄の円柱で下部の直径が60cm、上部が直径30cmである。円柱部分で7t強ある。現在、下部1mが地面に埋まっている。以前は下部1・5mが埋まっていたようで、この部分は荒削りである。鉄柱は鉛のシート上に井桁に組んだ鉄棒の上に置かれており、地面に埋まっている部分は約3mm厚さの鉛のシートで覆ってある。そして、その周りを石で固定してある。鉛のシートは最初に作られたときから使われており、クッションと支えの石との密着性保持および周りの土からの遮断の役目をしている。1961年の調査では、埋まっている部分は数mmから15mmの厚さの赤錆で覆われており、たくさんの凹みや腐食痕があったと報告されている。これは鉛より鉄の方が腐食し易いため起こった現象である。それでも1600年間でこの程度の腐食である。

鉄柱の上部4・5mはきれいな円柱に仕上げてある。先端の上部1mは鉄の円筒で、鉄柱に差し込まれ固定されている。その円筒に鉄製の飾りが7段差し込まれ、焼きばめで固定されている。飾りは下から6段までは円対称である。いちばん下の大きい飾りはアシの葉を模している。

下から2段目はその模様を斜めに描いている。さらにその上3段は半円の凹みを連ねて花びらをかたどっている。6段目は円盤である。最上部の1段は四角で穴が開いており、さらにその上に飾りを差し込むようになっている。これらの継ぎ目には鉛が使ってある。

鉄柱の表面には横筋や横の割れ目はあるが、縦筋や縦の割れは見当たらない。地上約2mのところに碑文がある。また、その上に18世紀に大砲で破壊しようとして撃った砲弾の凹みが残っている。

この地方は6月から9月は雨季で気温は30℃以上、湿度は70%になり、雨は月に150～200㎜降る。鉄は腐食し易い環境にあるが、地上部の表面は薄く黒錆で覆われており、腐食は進行していない。

■鉄柱はどのように作ったか

成分組成は、表18－1に示すようにばらついており、レン炉で作ったルッペの特徴を持っている。平均濃度は、炭素0・15%、リン0・25%、硫黄0・005%、シリコン0・05%、窒素0・02%、マンガン0・05%、銅0・03%、ニッケル0・05%である。表面の金属組織はフェライトで、パーライトは見当たらない。これは表面が脱炭していることを示している。また、細く伸びた黒いスラグが介在物として分散しており、これはFeOを主成分とするスラグである。一

分析者（年）	Hadfield（1912）	Ghosh（1963）上部	（1963）下部	Lahiri et al（1963）	Lal（1945）（%）
C	0.08	0.23	0.03	0.26	0.90
Si	0.046	0.026	0.004	0.056	0.048
S	0.006	trace	0.008	0.003	0.007
P	0.114	0.280	0.436-0.48	0.155	0.174
Mn	Nil	Nil	Nil	Nil	Nil
N		0.0065			
Fe	99.720				99.67
その他	0.246				0.011

Nil：検出されない

表18-1　デリーの鉄柱の成分組成

般にヨーロッパでは高リン鉄鉱石を使ってルッペを製造し、溶鉱炉で作った銑鉄を木炭の燃焼やパドル法で精錬したが、リンはリン酸鉄としてスラグに溶解し鉄にはほとんど溶解しなかった。この場合も同様である。

ではこのような大きな鉄柱をどのように作ったか？　古代や前近代の製鉄では、溶融酸化鉄と共存する状態で、吸炭した鉄粒を、全部あるいは一部溶解しながら互いに溶着させ大きな鉄塊を製造した。また、大きな製品を作る際にも鉄を酸化させて表面の温度を上げ溶融し、酸化鉄と共存する状態でハンマーで鍛造し溶接した。このとき鉄が溶解したことは、「沸き花」の発生で知ることができた。

デリーの鉄柱の製作では次の仮説が成り立つ。高さ1m程のレン炉で鉄鉱石粒から約10kgの鋼塊を作り、直径約30～60cm、厚さ約1cmの鉄の円盤を鍛造する。少し「沸き花」が出る程度に加熱して鍛造すれば、かなり緻密な鋼塊に仕上げ円盤に成形することは可能である。これを鍛冶炉中で層状に重ねて加熱し、「沸き花」が十分発生したところで金床上に置き、大金槌で鍛造する。界面が溶融しているので、容易に鍛接することができる。ガラスの粉を溶剤にするとさらに効果的である。

金床の代わりに鍛接してできている鉄柱の基部を使い、順々に円盤を鍛接し積み重ねる。柱が伸びるにつれその上部まで土を盛り上げ、上端を囲んで鍛冶炉を設置し、円盤を鍛接していく。

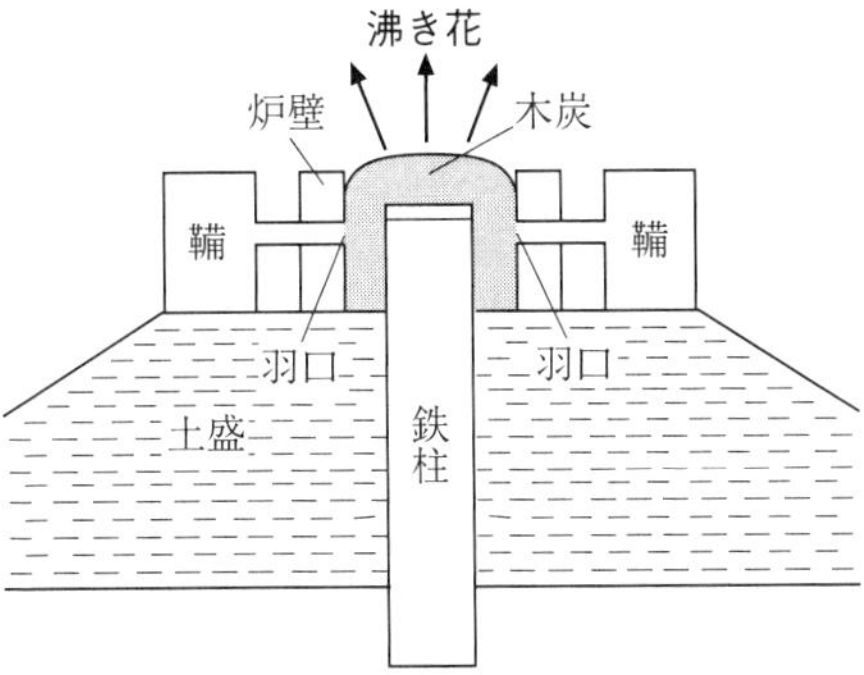

図 18-1　デリーの鉄柱を造る方法
沸き花が十分発生したら鍛接する

この様子を図18－1に示す。この方法で鉄柱を作ると面同士は溶接されているので、超音波探傷法では検出されない。

また、温度上昇に鉄の酸化熱を用いて高温にするため、常に鍛接面が溶融し溶融FeOが接触している。そして、溶接後すぐに凝固するので、鉄中の固溶酸素濃度は過飽和状態になる。したがって、室温で分解して表面にマグネタイト皮膜を析出し、鉄柱表面は常に黒錆で覆われて保護される。鉄柱が錆びない理由として、鉄と錆の間にリン酸鉄の層ができるためであるという説も発表されているが、その可能性は小さい。

第19章　製鉄法の未来

■第3の製鉄法

様々な製鉄炉の関係を、図19－1に示す。縦軸を鉄鉱石の粒径に取り横軸を鉄中炭素濃度に取ると、粒径が大きい鉄鉱石から銑鉄を製造する溶鉱炉と、さらに銑鉄を脱炭する精錬炉からなる間接製鉄法が右上に、粒径が小さい粉鉄鉱石を天然ガスで還元して海綿鉄を製造する炉と、海綿鉄を溶解する電気炉からなる直接製鉄法が左下に、左上には砕いた鉄鉱石から低炭素鋼のルッペを製造したレン炉などがあり、溶鉱炉との間にシュトゥック炉がある。右下には、微粉の砂鉄から銑鉄や高炭素鋼を製造し、大鍛冶で割鉄や包丁鉄の低炭素鋼にしたたたら製鉄法が位置する。

図19－2には炉内酸素分圧と鉄中炭素濃度の関係を示す。右下の溶鉱炉で製造される銑鉄は、炭素濃度が高く酸素分圧が低い。左上はボール炉やレン炉、ドーム炉でルッペを製造した。シュトゥック炉はルッペあるいは銑鉄を製造した。さらに平炉や転炉では銑鉄を脱炭し溶鋼とした。

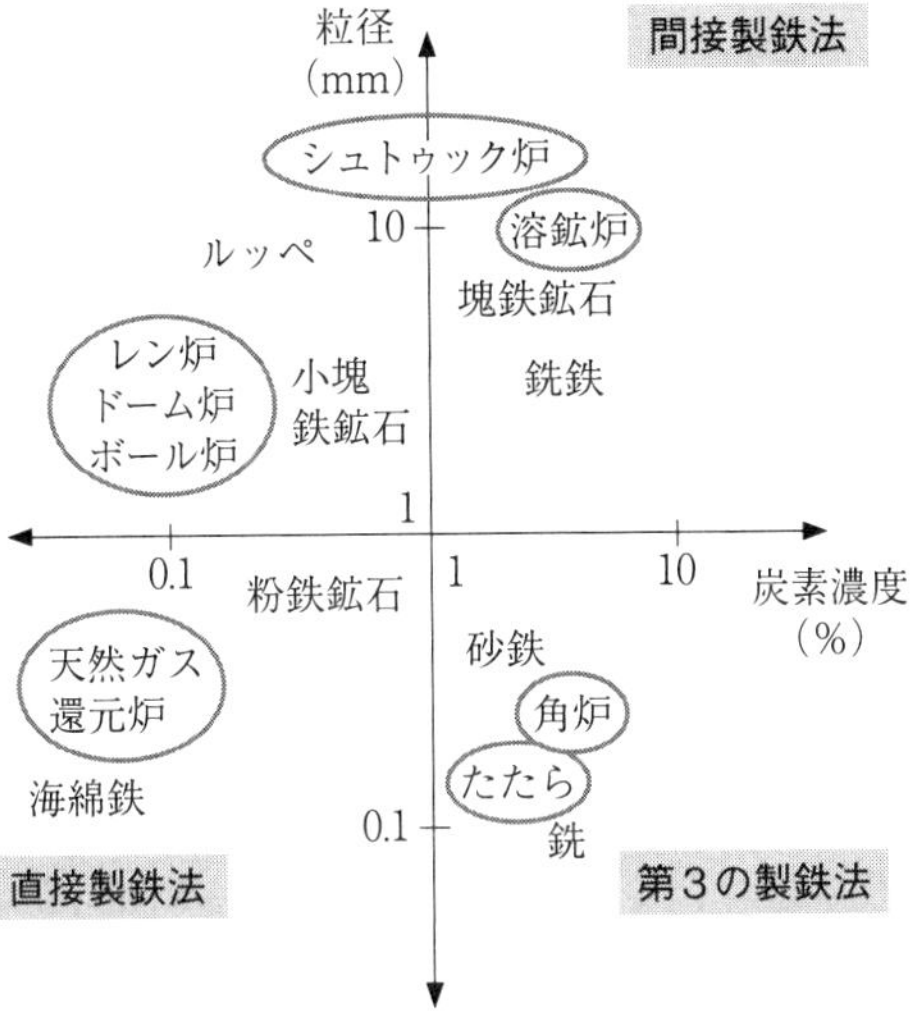

図19-1　鉱石の粒径と鉄中炭素濃度による各種製鉄法の分類

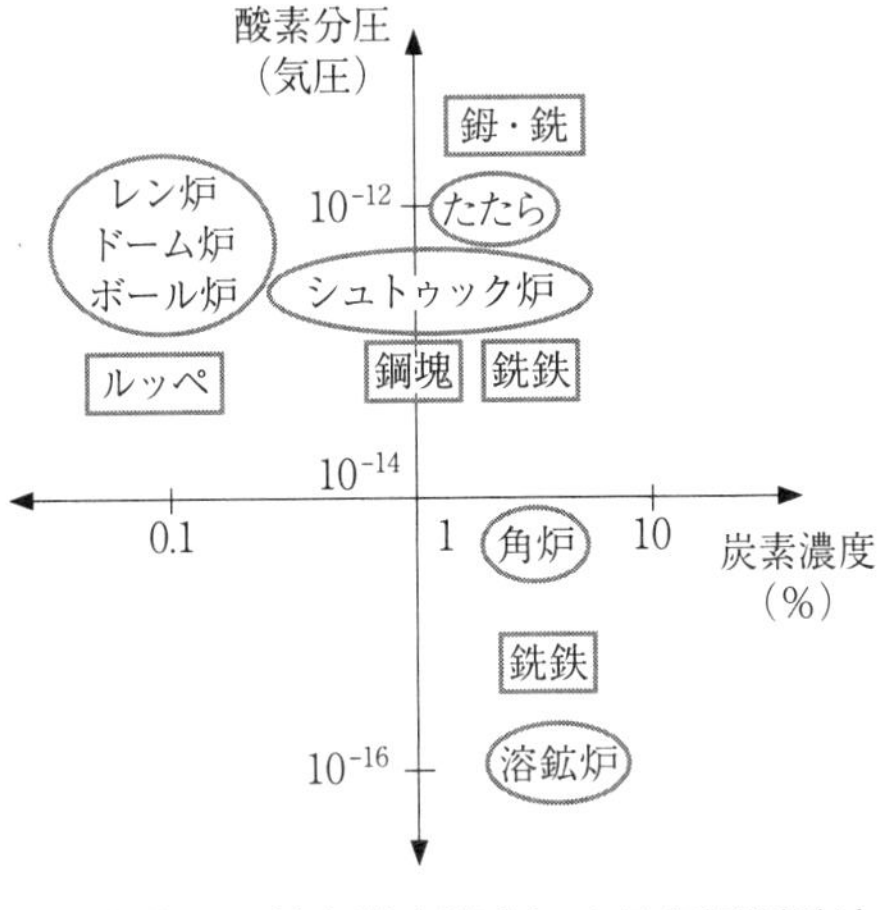

図19-2　酸素分圧と鉄中炭素濃度による各種製鉄法の分類

この右下から左上の領域では、平衡に近い状態で反応がゆっくり進行している。これに対し、たたら製鉄は、右上の領域に位置し、同じ炉で鋼塊の鉧と銑鉄の銑を高速で製造した。これはたたら製鉄が非平衡の状態にあるためである。

このようにたたら製鉄の特徴は、微粉の砂鉄を原料にしているために銑や鉧になるまでの時間が40分程度で、塊の原料を用いる現代の溶鉱炉の6～8時間と比べると非常に速い。またファイアライト組成に近いスラグを生成して炉内酸素分圧を高くするので、脈石成分が還元されず鋼や銑鉄中の不純物濃度が低くなる。これはボール炉やドーム炉の炉内状態を引き継いだ上で、さらに反応を速くして生産性を上げている。このようにたたら製鉄法は、高酸素分圧下の非平衡状態で、不純物の少ない銑鉄や鋼塊を速い速度で生成しており、溶鉱炉やガス還元炉のように平衡に近い状態で還元鉄や銑鉄を生成する方法とは、明らかに異なった工程である。そこで、たたら製鉄を「第3の製鉄法」と位置付けることができる。

■製鉄炉の生産効率

16世紀の木炭溶鉱炉の燃料比は、銑鉄1t当たり木炭が約5tである。19世紀のコークス溶鉱炉では、冷風を吹き込んでいた頃はコークス8tを使っていた。18世紀のたたら製鉄では、砂鉄約10tと木炭約12tから銑と鉧合わせて約3t製造していたので、燃料比は約4である。木炭溶鉱炉は炉高5m近くで高くたたら炉は炉高1・2mと低いにもかかわらず、たたら炉の方が小さい燃料比を示している。このことは、たたら製鉄が弱い脈動送風で製錬し、砂鉄の飛散を防止していたことに関係している。高温の還元ガスの炉内対流時間はたたら炉の方が5倍以上長い。

しかし、燃料／鉱石比はたたら炉で1・2であるのに対し、木炭溶鉱炉では0・8程度である。たたら炉内では砂鉄の吸熱による還元反応が速いので、熱を供給する速度が還元反応速度に影響する。そのため木炭を多めに入れねばならない。コークス溶鉱炉では熱風を使うことにより、燃料比は格段に低下し、さらに1日の生産量も増加した。現代、我が国の溶鉱炉では、1200℃の熱風を吹き込み、1950年当時約0・9、1954年では0・75、1965年には0・55まで下がった。

溶鉱炉1基の生産量は、18世紀から19世紀にかけて日量数10tから200t程度であったが、現代では炉容約5000㎥で約1万tの銑鉄を生産している。特に20世紀後半に溶鉱炉の容積が大きくなり、1日の出銑量が増えた。しかし、反応炉としての効率を表す出銑比、すなわち1日に炉容積1㎥当たり生成する銑鉄の量は、18世紀から19世紀にかけ0・5t程度であった。たたら炉では、3日3晩の操業で約3t生産するので、出銑比は約0・4である。これは木炭溶鉱炉と同じ程度の効率である。我が国の溶鉱炉は第二次大戦後の1950年に0・66tであったが、1954年には0・71tになった。1965年には1・4t、1970年は約2・0t、近年では2・5tの例があるが平均2・0tで推移している。この増加は、ペレットや焼結鉱など原料の事前処理と溶鉱炉内温度と、圧力の増加および酸素の富化が寄与している。

このように、18〜19世紀のたたら製鉄法を当時の木炭溶鉱炉やコークス溶鉱炉と比較すると、ほとんど同じくらいの生産効率であったことが分かる。そして、コークス溶鉱炉の生産量は20世紀後半になって飛躍的に増加した。

■たたらを現代に

国連の気候変動に関する政府間パネル（IPCC）では、化石燃料による炭酸ガス排出の枠組みを2015年までに現在の排出量の伸びをゼロにし、2050年には1990年の半分にまでするという行動方針が取られた。2016年に大量排出国の中国とアメリカが批准し、この枠組みが実現する方向に動き出した。これが実現すると、エネルギー源を100%石炭に依存している溶鉱炉は生き残れない。現在、排出される炭酸ガスを全量分離回収し地中に埋めるという計画があり研究がされているが、断層の多い日本の地層から見て安全性やコストがかかる問題があり、とても実現可能な話とは思えない。

溶鉱炉は現代の産業の要求に沿わない欠点がある。通気性を保つために、原料の事前処理を必要とする。強度の大きい不純物の少ない特殊な原料を用いて、クルミ大の大きさに揃えねばならない。そのために反応時間がかかる。鉄鉱石の反応理論では数十分で終わる反応が何時間もかかっている。炉が大きくなり炉下部の中心には反応に全く関与しない「デッドマン」と呼ぶコークスの柱ができ、結局炉の断面は有効に使われていない。これが出銑比を大きくできない理由である。そして、大型化により設備投資に資金がかかる。一方、たたら製鉄は、粉鉄鉱石を用いるため、高速反応で炉を小型にでき、炉内の雰囲気を高酸素分圧にした結果、鉄中の不純物濃度を低くできるなど大きな利点がある。もちろん鉄の歩留まりが50％程度であり、炉寿命が短いなど問題があるが、この利点を生かし、かつ炭酸ガスの排出量を削減できる新しい製鉄法が求められている。

(1)粉鉄鉱石を用いた製鉄法

たたら製鉄は「第3の製鉄法」である。間接製鉄法は溶鉱炉で塊鉄鉱石から溶鉄を作り、転炉で脱炭する。直接製鉄法は鉄鉱石粉を天然ガスで還元して還元鉄を作り、それを電気炉で溶解する。たたら製鉄は粉鉄鉱石である砂鉄から溶銑を作り、大鍛冶で脱炭し鍛造する。

間接製鉄法と直接製鉄法の大きな違いは、第1に鉄鉱石が塊状か粉状かであり、第2に還元材が炭素の木炭やコークスか天然ガスかである。これらの違いが異なった製錬原理を生み、歴史的およびそれぞれの地域に独特な技術を発展させた。

トルコ半島でプロト・ヒッタイトが製鉄法を発見して4000年になろうとしている。エネルギー源を全てコークスに依存する現代製鉄法は、大量の炭酸ガスを吐き出し続け、地球温暖化に大きな影響を与えている。粉鉄鉱石を原料に使えば反応は速く進み炉をコンパクトにできるが、高温ガスでエネルギーを供給する溶鉱炉では通気性を阻害し粉が飛散する。粉鉄鉱石と高温ガスは矛盾する組み合わせである。一方、たたら製鉄法はこれをうまく両立させた。

たたら製鉄とルッペを製造したヨーロッパの古代製鉄炉は、炉高が1m程度でスラグはFeO-SiO_2のファイアライト系である。たたら製鉄は原料の砂鉄に混入しているTiO_2を溶剤とし、古代製鉄炉は木炭に含まれるCaOを溶剤とした。ファイアライト系スラグの酸化鉄濃度は約60%と高く、炉内酸素分圧は酸化鉄が還元され鉄が生成する程度に高く維持されるので、シリカやマンガンなど脈石からくる不純物や木炭からくる硫黄の不純物の濃度は非常に低くなった。さらに木炭を燃料とするため、炉内温度が1350℃程度に低くなった。これはリンが不純物として銑鉄や鋼塊に溶解するのを防ぐ。

このように、たたら製鉄は多くの利点を備えており、「低温高速高純度銑鉄鋼塊製造法」である。この利点を現代の技術で蘇らせることはできないだろうか。たたら炉は炉を粘土で作ったため、炉壁が侵食されて3日3晩で寿命が尽きた。この欠点を克服したのが角炉であるが、炉高を高くしたので圧力を高めて強く送風した。このため砂鉄の20%が飛散し回収装置を必要とした。

粉鉄鉱石には高温ガスは使えない。高温ガス以外の加熱方法はあるだろうか。粉鉄鉱石と石炭を混合して加熱すると、短時間で溶融銑鉄が生成する。神戸製鋼所はこの混合物を直径数㎝の団子状の炭材内装ペレットにして、回転炉床上で輻射熱により加熱する方法を開発した。加熱されたペレットは還元鉄を生成し、さらに炭材と接触して銑鉄粒を生成する。銑鉄粒は凝集して大きなナゲット状粒になる。15分程で1回転する回転炉床の最後の段階で、銑鉄は凝固し炉外に掻き出される。数㎝大のナゲット状銑鉄は篩でスラグと分離する。

このプロセスは「ITm3」と呼ばれている。この「3」は第3の製鉄法である。ITm3の前に炭材内装ペレットを加熱して還元鉄を製造する、ＦＡＳＴＭＥＴという新プロセスが開発されていた。その中に、一部は溶けて銑鉄になる場合があるという報告があった。筆者はこれはたたら製鉄の原理と同じと気付き、後日、会社でこの関連性を話した。この時、筆者はこの製鉄法が間接製鉄法や直接製鉄法と異なる原理の製鉄法で、「第3の製鉄法」であると説明した。その結果、ITm3にこの数字が付けられたと聞いた。

⑵輻射熱加熱による製鉄

筆者は、この炭材内装ペレットを窒素ガス中で、電気炉を用いて急速に加熱した。１００秒経つと石炭から揮発成分や煤が発生し、ペレットが見えなくなった。しばらくすると煤が消えペレットが見えた。温度が1350℃に達した時、加熱開始から10分程で直径20㎜のペレットの表面が揺らぎ始め、表面から砂粒のような脈石がはじき出され、そして15分で突然崩れて銑鉄になった。直径が小さくなると銑鉄になって溶解する時間は短くなるが、その温度は高くなった。

ペレットの中心と表面に酸素分圧を測定する直径3㎜の酸素センサーと、温度を測定する熱電対を設置した。これを急速加熱したところ表面の温度は急速に上昇したが、中心の温度は1000℃近くから上昇速度が遅くなった。これは吸熱反応によるものである。

酸素分圧は表面では上昇し、鉄と酸化鉄（FeO）が共存する時の酸素分圧付近まで高くなった。これは炭素と1気圧の一酸化炭素ガスが共存する時の酸素分圧より3桁大きい値である。中心の酸素分圧は遅れて上昇し、同様に炭素と1気圧の一酸化炭素ガスと共存する酸素分圧より2桁高い値を示した。急速に温度が上昇し反応が一気に起こると、炭酸ガスの拡散が一酸化炭素ガスより遅いので炭酸ガス分圧が相対的に高くなり、そのために酸素分圧が高くなる。この高い酸素分圧のために脈石が還元されず、銑鉄中の不純物濃度は非常に低くなった。また、この高い酸素分圧下でも還元鉄と炭材の直接接触により吸炭が起こり、速やかに銑鉄が生成した。これはたたら製鉄炉の中で起こっている現象と同じである。

ITm3では、ガスバーナーで炉の天井を加熱しそこから発生する輻射熱で加熱する反射炉を用いている。輻射熱は電磁波であり波長1μm程度の波長の短い光である。日影の部分は暖かくならないように、照射された面だけが加熱され陰になった部分は加熱されない。特に固体では加熱面から原子の格子振動による熱伝導で内部に熱が伝わるので、裏側の加熱は大きく遅れる。さらに鉄鉱石の炭素還元により吸熱反応が起こるので、熱供給律速になり反応が遅くなる。したがって、回転炉床上にはペレットを1層にしか並べられない。

金属の溶解では液体に対流が起こるため、表面で吸収された熱は速やかに内部に運ばれる。したがって、アーク電気炉や反射炉で輻射熱を利用するのは、金属を溶解するためであり、固体の鉄鉱石を固体のまま還元し鉄を生成する反応には使われてこなかった。効率が非常に悪いからである。

しかし、この方法は興味深い原理を提示している。すなわち、原料の加熱および反応熱の供給は輻射熱で行い、炭素は鉄鉱石から酸素を取り去るという還元剤としての機能だけに限定していることである。たたら製鉄や高炉では、加熱と反応のエネルギーを木炭やコークスを燃焼させて得た高温ガスで与えている。高温ガスは原料の隙間を流れ原料を加熱している。ITm3は加熱と反応のエネルギーを輻射熱で与えている。この考え方は、昭和2年に安来製鋼所社長の工藤治人博士が考案した放電アークの輻射熱による加熱で、砂鉄から海綿鉄を製造する方法で使われたが非常に効率が悪かった。

このように、原料の加熱と反応に必要なエネルギーと還元を行うのに必要な炭材を量的に分ける考え方は、炭酸ガス排出量削減に寄与することができる。前者のエネルギーをマイクロ波で与えれば、マイクロ波は電気を用いて発生させるので、その分石炭の消費を減らすことができ、炭酸ガスの排出量も減少する。電気は太陽光発電など化石燃料によらず作ることができる。

(3) マイクロ波加熱による製鉄

マイクロ波は周波数が３００ＭHz〜３００ＧHzの電磁波で、電気で発生させる。レーダーや携帯電話に使われている。電子レンジには２・45ＧHzが使われており、波長は12㎝で輻射熱より10万倍長い。工業にも２・45ＧHzが使われている。金属には数μm浸透し反射されるが、絶縁物には表面から数十μm浸透する。この現象は輻射熱の場合と本質的に同じである。ところが、波長が長いため、粉体には隙間を通って非常に深く浸透して吸収され、試料内部から発熱する。

面白いことに、反射するはずの金属の粉末でも、内部から焼結できる。マイクロ波は磁場と電場からなるので、水のような分極物質が発熱するばかりでなく、磁性や半導体的性質を持った化合物も発熱する。さらに物質はそれぞれ特有の誘電率や透磁率を持つので、混合物では発熱する物質としない物質が出てくる。すなわち選択的な発熱が起きてそこは高温になるが、平均温度は低く、見かけ上低い温度で反応が進行する。アルミナやマグネシアは室温ではほとんどマイクロ

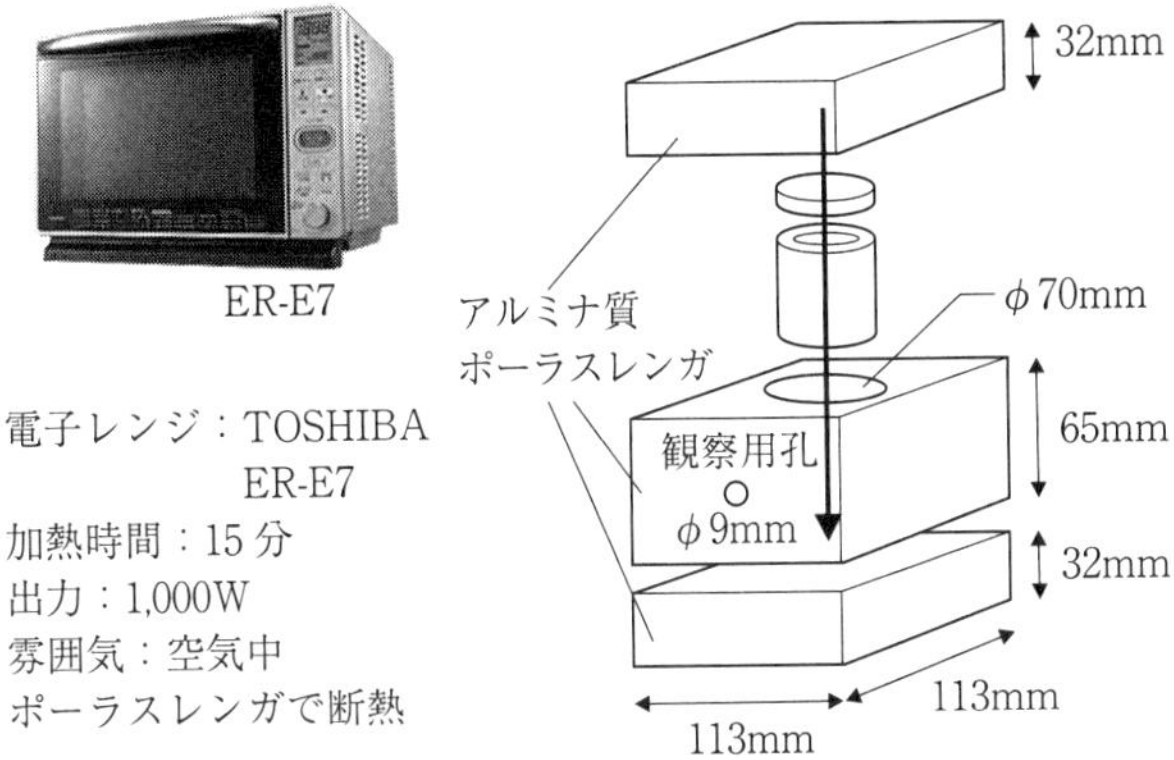

図19-3　マイクロ波加熱製鉄法

波を吸収しないが、１０００℃程度の高温になると突然発熱し暴走することがある。マグネタイトや炭材は室温から周波数２・45ＧHzのマイクロ波をよく吸収し、ヘマタイトは３００℃以上で吸収するようになる。そこで、鉄鉱石と炭材の混合粉末にマイクロ波を照射すると、原料自体が効率良く発熱し製鉄ができる。

図19－3に電子レンジを用いた製鉄実験の図を示す。１kWの電子レンジの床に、アルミナ製耐火物の板を敷く。粉鉄鉱石と黒鉛粉末を重量比4対1で混合した混合物10gを、アルミナルツボに入れ耐火物の板で蓋をする。雰囲気は空気なので酸化防止にルツボ内の原料の表面に少し黒鉛粉末を撒いておき、さらに膨張する空気を抜くために混合物粉末に縦穴を複数開けておく。ルツボを耐火物の板の上に置く。断熱効果を高めるために、気泡の多いアルミナ製の断熱材でルツボ

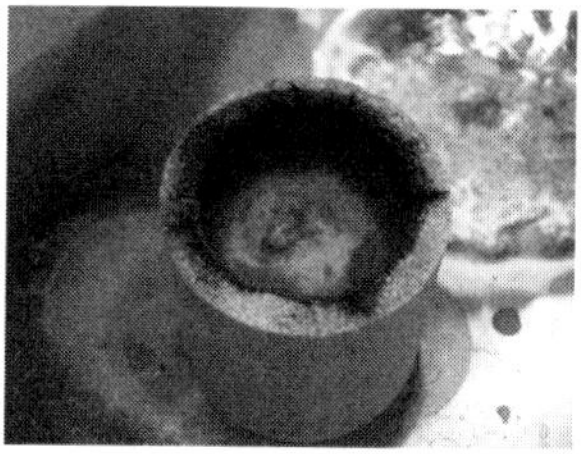

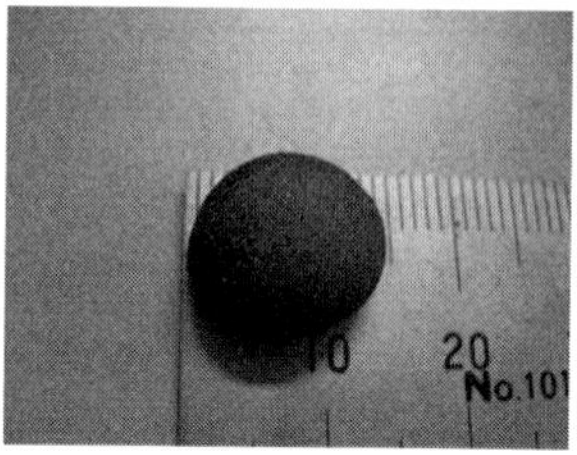

銑鉄 5g

図 19-4　電子レンジで作った銑鉄

銑鉄

成分	C	S	P	Si
a-4	2.234	0.0912	0.0064	0.1839
a-5	2.847	0.1598	0.0039	0.0843
君津BF	4.5	0.027~0.029	0.106~0.111	0.49~0.80
鹿島BF	4.5	0.038~0.040	0.107~0.109	0.48~0.65
加古川BF	4.5	0.033~0.043	0.078~0.081	0.63~0.72

スラグ

成分	SiO_2	MgO	Al_2O_3	CaO	FeO	MnO
a-4	49.7	20.8	13.9	10.7	1.3	0.69
溶鉱炉	30~40	5~10	10~20	30~40	<1	2.0

表 19-1　マイクロ波製鉄でできた銑鉄とスラグの成分組成（%）

を簡単に覆う。温度は電子レンジと断熱材の天井に開けた穴を通して放射温度計で測定した。また、断熱材側面には覗き窓を開け電子レンジの窓から反応状況を観察した。

スイッチを入れると温度が上がり、10分程でルツボの壁が赤熱する。15分で1350℃を超え白い光が出る。スイッチを切り、電子レンジの扉を開け断熱材ごと取り出す。断熱材はまだ手で触れるくらいで熱くなっていない。ルツボの蓋を開けると、中はまだ高熱でまぶしい。温度が下がってから内容物を銅板の上に出すと、図19－4に示した球状の銑鉄の塊が転げ出した。重さは5・8gで収率は100％であった。スラグは見当たらなかった。

20kWのマイクロ波炉を用い、窒素ガス中で原料を連続的に反応炉に入れ生成した銑鉄では、その成分組成を調べると表19－1に示すように、不純物濃度は現代高炉で製造される銑鉄より10分の1程度低く、たたら鉄と比較しうる値である。この結果は、内部から急速に加熱されるため、反応する部分の酸素分圧が高くなるためである。

■マイクロ波製鉄炉の実現可能性

マイクロ波製鉄は経済的に実用化できるであろうか？　電気を使って果たして採算が合うだろうか？

排ガスとしてCOとCO_2が発生するが、CO_2が多い程炭素利用率は大きくなる。実際、反応初期では80％のCO_2組成が測定されているが、反応全体としてはCOガスの発生が多い。いまマグネタイトと炭素の混合粉末から1350℃で3％炭素を含む銑鉄が生成し、500℃のCO-50％CO_2排ガスが生成すると仮定する。この場合、銑鉄1t当たり4・1MJ（メガ・ジュール）を要する。電力に換算すると1150kWhである。工業用電力価格を7円／kWhとすると約8000円である。石炭火力で作られる電力を全体の25％とし、石炭からの発電効率は40％とする。さらに電力がマイクロ波に変換される効率を80％、マイクロ波が反応物に吸収される割合を80％とすると、加熱と反応に要する電気エネルギーはコークス換算で78kgになる。酸化鉄を還元するために必要な炭素は190kg、銑鉄として含まれる炭素は30kgなので、これらに必要な炭素は220kgである。すなわち、約300kgの炭素が銑鉄1t当たり消費される。

同じ計算をヘマタイトについて行うと、電力は銑鉄1t当たり8540円、全炭素消費量は327kgとなる。電力が100％化石燃料によらない場合は、マグネタイトで220kg、ヘマタイトで245kgになり、炭酸ガス排出量は現在の半分になる。従来のマイクロ波発生装置は熱電子を加速する真空管方式であり、その効率は50％程度であるが、現在、窒化ガリウム半導体を用いたマイクロ波発生素子が開発されておりその効率は80％である。

2008年に高炉に用いる石炭の価格が上昇し、3倍の1t300ドルになった。銑鉄1t当りのエネルギー・コストは約2万4000円になった。この場合は、マイクロ波製鉄の電気からの効率が25％でも十分価格競争力はあることになる。火力発電や原子力発電では、夜間の発電量を下げることができない。電気は使わないとエネルギーには変換できないので、夜間電力の利用が重要である。夜間電力を3円／kWhとすると、マイクロ波製鉄の効率は15％以上あれば、溶鉱炉の銑鉄に十分対抗できることになる。さらに、銑鉄生成に要する時間が10分程度なので、コンパクトな製鉄装置になり高速での製造が可能であろう。

石灰石を使わなければスラグを生成せず、脈石は微粒子状で排出されるので劣質な原料も利用可能になる。また、不純物濃度の低い、特にリン濃度の低い銑鉄ができるので、現在使われている溶銑予備処理工程が不要になり、溶銑温度は１３５０℃でも十分転炉工場に送ることができる。

おわりに

私が小学生の頃育った飛騨の山中の町では、金属類を扱う屑屋が私の好奇心を満たしてくれた。特に鉄屑と銅線は格好の遊びの材料であった。七輪で炭火をおこし、5寸釘を加熱し馬瀬川から拾ってきた石の上で金槌で叩いてナイフの形にした。聞きかじりの知識で真っ赤に加熱したナイフを水に焼き入れ、祖父の目を盗んで持ち出した砥石で研いだが、全く切れなかった。5寸釘に銅線をびっしり綺麗に巻き、乾電池につなぐと電磁石ができた。蒲鉾の板に打ち付け、缶詰の缶を切って作った板をL字に曲げ5寸釘の頭に近づけ電流を流すと、板が引きつけられる。これでモールス信号機を作った。引きつけられると電流が切れる接点を組み合わせて、ベルを作った。釣り竿の糸に釣り針の代わりに小さな電磁石を付け、紙で作った魚の口にクリップを付け釣り上げるおもちゃも作った。巻き数や電池の数により磁力の強さを調整できることも経験で知った。しかし、なぜナイフが焼入れで硬くならないのか、なぜ磁力が出るのかは謎のまま時が過ぎていった。馬瀬川と飛騨川の合流点の河原には金と思っていた黄銅鉱があり、鉱物採集にも夢中になった。磁石で砂鉄を採ったが、これから鉄が作れるとは思ってもみなかった。これらの理由を知ったのは、大学で金属工学を勉強してからであった。

町の外れに鍛冶屋があった。一日中飽きないで見ていた。童謡の『村の鍛冶屋』の歌詞「しばしも休まず槌打つ響き、飛び散る火花よ走る湯玉……」（作詞者不詳）にある「飛び散る火花」は、鉄を鍛造して溶接する際に発生するノロであった。鉄が溶ける合図である「沸き花」を指標にすると、製鉄から精錬、鍛冶で行う鉄の溶接、鋳造のための銑鉄の溶解、全ての工程をうまく行うことができる。古代の人たちも「沸き花」を見ていたに違いない。なぜなら、これは普遍的な現象だからである。

西洋の製鉄の技術は15世紀に著された『De Re Metallica』を初めとして、それ以後の技術は研究されている。主な著書として、ルードウィッヒ・ベック著、中沢護人訳『鉄の歴史』とR. F. Tylecote著『A History of Metallurgy』（第2版）がある。

しかし、我が国の技術、特にたたら製鉄や鍛冶の技術は師匠から弟子に口伝で伝えられてきた。そのため、数代以前の技術は分からなくなってしまう。たたら製鉄法の技術書は、江戸中期の1784年（天明4年）に下原重仲（1738〜1821）が著した『鉄山必要記事』がある。この本は、技術のことも書かれているが、主に鉄山の経営に関する書である。昭和8年に俵國一が著した『古来の砂鉄製錬法』は、明治31年から32年にかけて伯耆、出雲、石見（鳥取県西部から島根県）で行われていた江戸期から続くたたら製鉄と、その操業方法を詳細に記録した書である。また、この頃の操業方法を直接、村下から聞いたことを記録した本に田部清蔵の『語り部』（私家本）がある。近年では、昭和44年に日本鉄鋼協会が行った復元たたら実験を記録した『たたら製鉄復元委員会報告：たたら製鉄の復元とその鉧について』と、日刀保たたら炉の復元と操業方法を記録した鈴木卓夫の学位論文「たたら製鉄の復元と「日刀保たたら」の操業技術の解明」がある。

著者は、小型たたら炉による実験と、鍛冶体験を基に、これらの技術書および記録を用いてたたら製鉄法の製鉄と鍛冶の理論を解明した。これらは、雑誌「金属」に連載してきた。本書はこれらの連載の一部を基に構成されている。

たたら製鉄は、微粉末の砂鉄を使った世界の製鉄史の中でも非常にユニークな製鉄法である。さらに、著者が「第3の製鉄法」と呼んだように、その原理は新しい製鉄法を示唆している。今後の発展に期待する。

平成29年1月

参考文献

L. Beck（著）、中沢護人（訳）『鉄の歴史　第1巻第3分冊』たたら書房、1977
L. Beck（著）、中沢護人（訳）『鉄の歴史　第2巻第1分冊』たたら書房、1977
L. Beck（著）、中沢護人（訳）『鉄の歴史　第3巻第1分冊』たたら書房、1968
大村幸弘『アナトリア発掘記』NHKブックス、2004
下原重仲（著）、館充（現代語訳）『鉄山必用記事』丸善、2001
鈴木卓夫「たたら製鉄の復元と「日刀保たたら」の操業技術の解明」東京工業大学学位論文、2001
高橋一郎「ふぇらむ　1（1996）11」日本鉄鋼協会会報誌
西岡常一『木に学べ』小学館、1988
たたら製鉄復元計画委員会編「たたら製鉄の復元とその鉧について　たたら製鉄復元計画委員会報告」日本鉄鋼協会、1971
田部清蔵『語り部』私家版、1997
俵國一『鐵と鋼　製造法及性質』丸善、1910

俵國一『古来の砂鉄製錬法』丸善、1934
俵國一『日本刀講座　科学篇　日本刀の科学的研究（1）』雄山閣、1938
俵國一『明治時代に於ける古来の砂鐵製錬法（たたら吹製鐵法）』丸善、1993
永田和宏「金属」Vol75（2005）No7〜Vol81（2011）No5、アグネ技術センター
永田和宏「金属」Vol82（2012）No3、アグネ技術センター
永田和宏「金属」Vol84（2014）No6、No7、アグネ技術センター
村上恭通『倭人と鉄の考古学』青木書店、1998
矢島忠正「ふぇらむ　8（2003）5、6、7」日本鉄鋼協会会報誌
G. Agricola, translated by H. C. Hoover and L. H. Hoover『DE RE METALLICA』Dover, 1950
R. Balasubramaniam『Marvels of Indean Iron : Through the Ages』Rupa & co., 2008
R. F. Tylecote『A History of Metallurgy 2nd Edition』Inst. Mater, 1992

【な行】

【は行】

【さ行】

【た行】

さくいん

N.D.C.564　254p　18cm

ブルーバックス　B-2017

人《ひと》はどのように鉄《てつ》を作《つく》ってきたか
4000年の歴史と製鉄の原理

2017年 5 月20日　第1刷発行

著者　永《なが》田《た》和宏《かずひろ》
発行者　鈴木　哲
発行所　株式会社講談社
〒112-8001　東京都文京区音羽2-12-21
電話　出版　03-5395-3524
販売　03-5395-4415
業務　03-5395-3615
印刷所　（本文印刷）慶昌堂印刷株式会社
（カバー表紙印刷）信毎書籍印刷株式会社
製本所　株式会社国宝社

定価はカバーに表示してあります。

ISBN978－4－06－502017－3

発刊のことば

科学をあなたのポケットに

二十世紀最大の特色は、それが科学時代であるということです。科学は日に日に進歩を続け、止まるところを知りません。ひと昔前の夢物語もどんどん現実化しており、今やわれわれの生活のすべてが、科学によってゆり動かされているといっても過言ではないでしょう。

そのような背景を考えれば、学者や学生はもちろん、産業人も、セールスマンも、ジャーナリストも、家庭の主婦も、みんなが科学を知らなければ、時代の流れに逆らうことになるでしょう。

ブルーバックス発刊の意義と必然性はそこにあります。このシリーズは、読む人に科学的に物を考える習慣と、科学的に物を見る目を養っていただくことを最大の目標にしています。そのためには、単に原理や法則の解説に終始するのではなくて、政治や経済など、社会科学や人文科学にも関連させて、広い視野から問題を追究していきます。科学はむずかしいという先入観を改める表現と構成、それも類書にないブルーバックスの特色であると信じます。

一九六三年九月

野間省一